U0504799

电网企业生产人员**技能提升**培训教材

配电电缆

国网江苏省电力有限公司
国网江苏省电力有限公司技能培训中心 **组编**

中国电力出版社
CHINA ELECTRIC POWER PRESS

内 容 提 要

为进一步促进电力从业人员职业能力的提升,国网江苏省电力有限公司和国网江苏省电力有限公司技能培训中心组织编写《电网企业生产人员技能提升培训教材》,以满足电力行业人才培养和教育培训的实际需求。

本分册为《配电电缆》,内容分为四章,包括电缆工程建设、电缆工程验收、电缆交接试验和例行试验、电缆运行维护。

本书可供从事配电电缆专业相关技能人员、管理人员学习,也可供相关专业高校相关专业师生参考学习。

图书在版编目(CIP)数据

配电电缆 / 国网江苏省电力有限公司,国网江苏省电力有限公司技能培训中心组编. —北京:中国电力出版社,2023.4
电网企业生产人员技能提升培训教材
ISBN 978-7-5198-7244-1

Ⅰ. ①配… Ⅱ. ①国…②国… Ⅲ. ①配电线路–电缆–工程施工–技术培训–教材 Ⅳ. ①TM726.4

中国版本图书馆 CIP 数据核字(2022)第 214401 号

出版发行:中国电力出版社
地　　址:北京市东城区北京站西街 19 号(邮政编码 100005)
网　　址:http://www.cepp.sgcc.com.cn
责任编辑:罗　艳(010-63412315) 高　芬
责任校对:黄　蓓　常燕昆
装帧设计:张俊霞
责任印制:石　雷

印　　刷:三河市万龙印装有限公司
版　　次:2023 年 4 月第一版
印　　次:2023 年 4 月北京第一次印刷
开　　本:710 毫米×1000 毫米　16 开本
印　　张:12.75
字　　数:223 千字
印　　数:0001—1500 册
定　　价:89.00 元

编 委 会

本书编写组

序 Preface

技能是强国之基、立业之本。技能人才是支撑中国制造、中国创造的重要力量。党的二十大报告明确提出要深入实施人才强国战略，要加快建设国家战略人才力量，努力培养造就更多大师、战略科学家、一流科技领军人才和创新团队、青年科技人才、卓越工程师、大国工匠、高技能人才。习近平总书记也对技能人才工作多次作出重要指示，要求培养更多高素质技术技能人才、能工巧匠、大国工匠，为全面建设社会主义现代化国家提供坚强的人才保障。电力是国家能源安全和国民经济命脉的重要基础性产业，随着"双碳"目标的提出和新型电力系统建设的推进，持续加强技能人才队伍建设意义重大。

国网江苏电力始终坚持人才强企和创新驱动战略，持续深化"领头雁"人才培养品牌，创新构建五级核心人才成长路径，打造人才成长四类支撑平台，实施人才培养"三大工程"，建设两个智慧系统，打造一流人才队伍（即"54321"人才培养体系），不断拓展核心人才成长宽度、提升发展高度、加快成长速度，以核心人才成长发展引领员工队伍能力提升，形成人才脱颖而出、竞相涌现的良好氛围和发展生态。

近年来，国网江苏电力立足新发展阶段，贯彻新发展理念，紧跟电网发展趋势，紧贴生产现场实际，聚焦制约青年技能人才培养与管理体系建设的现实问题，遵循因材施教、以评促学、长效跟踪、智慧赋能、价值引领的理念，开展核心技能人才培养工作。同时，从制度办法、激励措施、平台通道等方面，为核心技能人才快速成长提供坚强保障，人才培养成效显著。

有总结才有进步，国网江苏电力根据核心技能人才培养管理的实践经验，组织行业专家编写《电网企业生产人员技能提升培训教材》（简称《教材》）。《教材》涵盖电力行业多个专业分册，以实际操作为主线，汇集了核心技能工作中的典型案例场景，具有针对性、实用性、可操作性等特点，对技能人员专业与管理的双提升具有重要指导价值。该书既可作为核心技能人才的培训教材，也可作为电力行业一般技能人员的参考资料。

本《教材》的编写与出版是一项系统工作，凝聚了全行业专家的经验和智慧，希望《教材》的出版可以推动技能人员专业能力提升，助力高素质技能人才队伍建设，筑牢公司高质量发展根基，为新型电力系统建设和电力改革创新发展提供坚强的人才保障。

编委会

2022 年 12 月

前 言 Foreword

随着我国输配电系统的发展，对电力系统稳定性要求的提高以及人民对生活环境要求的提高，电力电缆在电能输送和分配的过程中发挥着越来越重要的作用。国家提倡农网改造，三线入地等改革措施，配电电缆以安全可靠性更高的优势，逐步替代架空线路，成为电能输送和分配的主干线。

为培养江苏电网配电电缆菁英人才，国网江苏省电力有限公司技能培训中心依托国网江苏电力电缆实训基地的先进设备设施，依据电缆设计、施工、运维、检修、试验为主线，依靠全省配电电缆专家人才，仔细研讨、认真梳理、深入剖析，精心打造出一本迅速提升培训学员理论知识和技能水平的电缆教材。力求全方位提升电缆全寿命周期工作技能，为省公司打造技能菁英，保障电网的安全稳定运行。

本书共分四章，第一章为电缆工程建设，包含电缆工程设计、电缆敷设施工、电缆附件制作；第二章为电缆工程验收，包含电缆及附件到货验收，电缆首件验收，电缆转序、过程验收，电缆工程竣工验收，电缆工程竣工资料验收；第三章为电缆交接试验和例行试验；第四章为电缆运行维护，包含电缆及通道巡视与维护、电缆状态评价及检修、电缆隐患管理、电缆故障检测。

本书每个章节均有学习目标，理论培训有知识点，实操培训有技能操作，条理清晰，每个知识点均与生产实际相结合。工作案例源于生产现场，技能操作应用于生产实际，教材内容有较高的针对性和实用性。

由于教材编写时间有限，难免存在疏漏之处，恳请各位专家读者提高宝贵意见，使之不断完善。

编 者

2022 年 11 月

目　录 Contents

习题答案

第一章

电缆工程建设

第一节　电缆工程设计

学习目标

1. 熟悉电缆路径的设计内容
2. 掌握各种电缆构筑物的适用范围、特点及设计要点
3. 掌握电缆及附件设计的相关内容

知识点

电缆工程设计应遵循统一规划、安全适用、经济合理的原则,其设计内容包括路径、平纵断面、电缆本体、附件与相关的建(构)筑物、排水、消防等。

一、电缆路径设计

电缆路径设计是电力电缆工程设计的第一环节,其工作内容主要包含以下步骤:

(1)根据工程建设需求,确定电缆路径起止点,并结合现状条件及城市规划要求,初步选择多条比选路径。

(2)对初步选定的路径方案进行实地踏勘,了解路径沿线的建(构)筑物、交通条件等环境情况。

(3)调查初选方案路径的水文地质,以资料搜集和初步勘探为主。

（4）调查初选方案路径的地下管线，以资料搜集为主，必要时进行现场物探。

（5）综合分析调查情况和工程建设需求，从工程建设难度、工程建设风险、工程建设周期及工程投资等方面进行多方位比选，初步确定推荐的电缆路径。

（6）向政府规划部门进行路径方案报批，必要时需征求工程建设影响范围内相关部门的意见。

（7）根据规划部门审批后的电缆路径方案开展后续工作。

电缆路径设计应遵循以下原则：

（1）电缆构筑物平面布置应根据拟建区域先期物探结果、沿线规划或现状建（构）筑物分布情况、拟穿越河道或毗邻水系情况等因素，合理布置平面走向，以满足避让安全距离。当平面位置不具备安全避让条件时，应采取有效措施对周边环境进行保护。

（2）电缆构筑物宜沿现有或规划道路走线，且宜布置在人行道、非机动车道及绿化带下方，构筑物平面线形的转折角必须符合电缆平面弯折半径的要求。

（3）电缆构筑物穿越城市道路、铁路、公路时，宜垂直穿越；受条件限制时可斜向穿越，最小交叉角不宜小于 60°。

电缆路径确定后，还需开展电缆构筑物纵断面设计，其设计内容主要考虑在竖向避让平面交叉的地下构筑物，并满足电缆构筑物结构安全、排水、电缆敷设及运维检修的相关需求。电缆构筑物纵断面设计应遵循以下原则：

（1）构筑物的埋深应满足自身抗浮及结构受力安全要求。

（2）构筑物的纵坡应考虑综合管沟内部自流排水的需要，其最小纵坡不宜小于 5‰。

（3）构造物的最小埋设深度应根据路面结构厚度、必要的覆土厚度以及横向埋管的安全空间等因素确定，一般不应小于 0.7m。

（4）穿越河道时应选择在河床稳定的河段，最小覆土深度应满足河道整治、通航河道抛锚以及电缆构筑物安全运行的要求。

二、电缆构筑物设计

（一）排管

排管是指先在明挖沟槽内埋设电缆保护管，然后在保护管内敷设电缆的一种构筑物。排管示意图如图 1-1 所示。

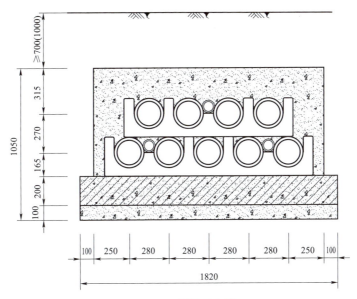

图 1-1 排管示意图

1. 适用范围及特点

排管适用于通道狭窄且少弯曲的城市道路环境，多种电压等级可共路径，电缆数量较多、敷设距离长，需与电缆工井配合使用。

优点：施工方便快捷，受外力破坏的影响小，占地小，能承受大的荷载，电缆敷设无相互影响。

缺点：排管为直线型构筑物，对路径选择要求高，不宜用于弯曲段，电缆散热条件差，电缆热伸缩易引起金属护套的疲劳，电缆在保护管内不宜检修。

2. 设计要点

（1）排管在选择路径时，应尽可能取直线，在转弯和折角处，应增设工井。在直线部分，两电缆工井之间的距离不宜大于 150m。

（2）排管顶覆土深度不应小于 0.7m，过路段不应小于 1.0m。

（3）电缆排管选材应考虑强度、散热、老化、阻燃、腐蚀等因素，禁止使用高碱玻璃钢管。

（4）排管内径不应小于电缆外径的 1.5 倍，且不宜小于 75mm。

（5）排管应有不小于 0.2% 的排水坡度。

（6）排管之间宜采用管枕结构，上下层排管间距不得小于 50mm。

（二）电缆工井

电缆工井是一种供作业人员安装电缆接头或牵引电缆用的构筑物。电缆工井平、剖面示意图分别如图 1-2 和图 1-3 所示。

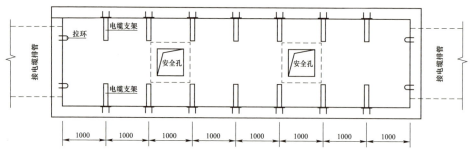

图 1-2 电缆工井平面示意图

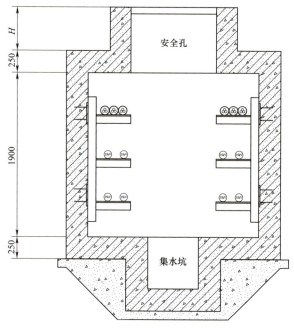

图 1-3 电缆工井剖面示意图

H—覆土深度

1. 适用范围及特点

电缆工井一般与排管、拉管组合使用，适用于多电压等级、电缆根数较多的地区。根据电缆敷设工艺要求，电缆工井可采用封闭式或盖板式结构。

优点：根据路径走向需求，可灵活采用转弯井、三通井、四通井等形式。

缺点：封闭式工井内部施工作业相对局促。盖板式工井内易积水，电缆敷设及检修时需开启盖板。

2. 设计要点

（1）封闭式工井的净高不宜小于1.9m。

（2）接头工井尺寸应满足接头作业、接头布置、敷设作业以及抢修的要求。

（3）每座封闭式工井的顶板应设置两处安全孔，用于采光、通风及人员设备的进出。

（4）安全孔的设置部位宜避开道路，设置在绿化带内时，安全孔高于地面距离不应小于300mm。

（5）每座工井的底板应设置集水坑，底板向集水坑泄水坡度不应小于0.5%。

（6）每座工井应设接地装置，接地电阻不应大于10Ω。

（三）电缆沟

电缆沟是一种封闭式但盖板可开启的电缆构筑物,盖板与地坪相齐或稍有上下。电缆在电缆沟内采用支架或沙包进行固定。

1. 适用范围及特点

电缆沟适用于变电站出线、弯曲的城市街道、多种电压等级、电缆较多、地面高程变化较大的地段。电缆沟敷设方式与直埋、排管、桥架等敷设方式相互配合使用，电缆沟示意图如图1-4所示。

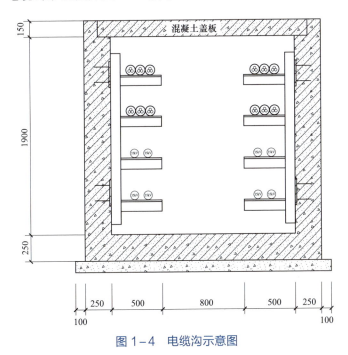

图1-4　电缆沟示意图

优点：布置灵活多样，转弯方便，可根据地面高程变化调整电缆沟高程。对电缆可实现可视化检修。

缺点：检修及更换电缆时需搬运大量盖板。

2. 设计要点

（1）室内电缆沟盖板宜与地坪齐平，室外电缆沟的沟壁宜高出地坪100mm。

（2）电缆沟的尺寸应按满足全部容纳电缆的允许最小弯曲半径、施工作业与维护空间要求确定。电缆沟内通道的净宽尺寸不宜小于表1-1的规定。

表1-1　　　　　　　　　电缆沟内通道的净宽尺寸　　　　　　　　（mm）

电缆支架配置方式	具有下列沟深的电缆沟		
	<600	600~1000	>1000
两侧	300	500	700
单侧	300	450	600

（3）电缆沟应有不小于0.5%的纵向排水坡度，并在标高最低部位设置集水坑及其泄水系统，必要时应实施机械排水。

（4）电缆沟的齿口边缘应有角钢保护，钢筋混凝土盖板应用角钢或槽钢包边，管廊沟盖板应内置一定数量的供搬运、安装用的拉环。厂、站内可开启的沟盖板，单块重量不宜超过50kg。

（5）盖板下沉式的电缆沟宜沿线每隔一定距离设置一处检修人孔。

（6）电缆沟应优先采用钢筋混凝土型式，不宜采用砖砌型式。

（四）水平定向钻

水平定向钻是在不开挖地表的情况下，用导向钻具钻入小口径导向孔，然后用回扩钻头将钻孔扩大至所需口径，再将待铺管道拉入孔内建成管道敷设电缆，水平定向钻纵断面、横断面示意图分别如图1-5和图1-6所示。

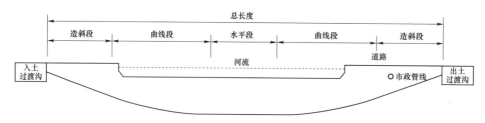

图1-5　水平定向钻纵断面示意图

1. 适用范围及特点

水平定向钻适用于小规模电缆穿越铁路、道路、河流等不能明开挖的地段。

优点：施工速度快，工艺简单，无需进行开挖，相对于顶管等非开挖施工工艺，造价较低。

缺点：通道定位不够精确，且因电缆覆土厚，管线探测时难以发现，电缆易受外力破坏。

2. 设计要点

（1）水平定向钻长度不宜超过 150m；特殊情况需超过 150m 时，应校核电缆施工时的允许牵引力，并制订专项方案报运检部门批准。

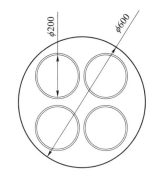

图 1-6　水平定向钻横断面示意图

（2）水平定向钻穿越城市道路、公路、铁路、河道时的最小覆土厚度宜符合表 1-2 的规定。

表 1-2　　　　　　　　　　水平定向钻最小覆土厚度

项目	最小覆土厚度
城市道路	与路面垂直净距大于 1.5m
公路	与路面垂直净距大于 1.8m；路基坡角地面以下大于 1.2m
高等级公路	与路面垂直净距大于 2.5m；角地面以下大于 1.5m
铁路	路基坡角处地表下 5m；路堑地形轨顶下 3m；零点断面轨顶下 6m
河道	规划河床下 3m，且满足冲刷、疏浚和抛锚等要求规定

注　未采取措施对上覆土层进行处理时，最小覆土厚度应大于管道管径 5～6 倍。

（3）拉管与地下管线平行敷设时，拉管扩孔距既有管线外壁一般不得小于 1.5 倍扩孔距；拉管与建筑物的水平净距必须在持力层扩散角范围以外；拉管与既有管线交叉时，拉管与既有管线的垂直净距应大于 1 倍扩孔直径，并不得小于 0.5m。

（4）水平定向钻两端应直接进入工井，进入角度应小于 10°，特殊施工有困难的地段允许不大于 15°，且位于两端井的中下部引出。

（5）为防止管道之间的缠绕，每孔拖管不宜超过 9 孔；回扩孔直径应大于拟铺管道总截面的 1.2 倍，若回扩直径过大，可采取分孔实施拉管。

（五）专用桥架

专用桥架采用钢桁架结构，桁架内设置电缆保护管，保护管固定于支架上，并在保护管内敷设电缆。保护管伸出电缆专用桥架部分采用排管形式与电缆工作井相接。专用桥架平面、纵断面、横断面示意图分别如图 1-7～图 1-9 所示。

1. 适用范围及特点

专用桥架适用于跨越宽度较小的河流、道路段。

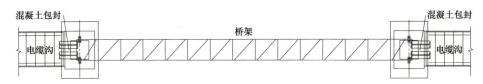

图 1-7　电缆专用桥架平面示意图

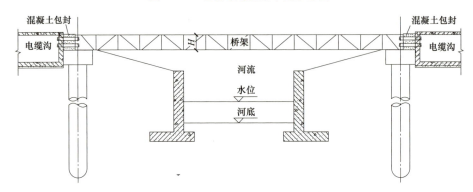

图 1-8　电缆专用桥架纵断面示意图

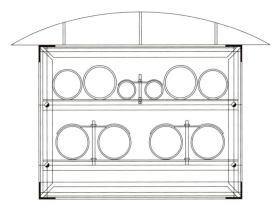

图 1-9　电缆专用桥架横断面示意图

优点：采用钢桁架结构，结构稳定，施工方便，电缆在桥架内敷设于保护管内，电缆运行环境好。

缺点：由于为刚桁架结构，需要不定期的进行防腐、防锈处理；电缆专用桥架对市政环境有一定的影响。

2. 设计要点

（1）电缆桥架的敷设方式应征求有关管理部门的意见。桥架宜进行外立面美化处理，使之与周边环境相融合，外立面的材料应选用防火材料。

（2）电缆专用桥架跨距不宜大于 30m。

（3）电缆专用桥架底标高不应低于临近桥梁下地标高，设计的电缆专用桥架高度不宜超出临近桥梁护栏高度。

（4）电缆专用桥架两端伸出电缆保护管以排管形式浇注固定，与两端工作井相接。

（5）电缆专用桥架内敷设的电缆保护管宜选用 MPP 材质保护管，保护管之间连接宜采用焊接或卡扣方式连接，连接处应有良好的密封性能。

（6）电缆专用桥架应安装阳光板、装饰板等附属设施。

（六）电缆隧道

电缆隧道是一种容纳电缆数量较多、有供安装和巡视的通道、全封闭型的地下构筑物。电缆隧道示意图如图 1－10 所示。

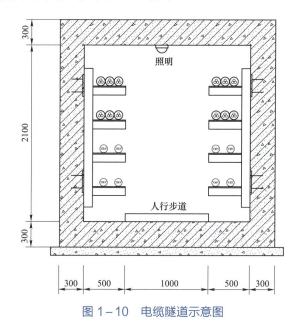

图 1－10　电缆隧道示意图

1. 适用范围及特点

电缆隧道适用于电缆线路高度集中、路径选择难度较大或市政规划要求极高的区域。

优点：能容纳大规模、多电压等级的电缆，电缆敷设时受外界条件影响小，维护、检修和更换电缆方便，能可靠地防止外力破坏。

缺点：工程难度高，投资大，工期长，附属设施多。

2. 设计要点

（1）电缆隧道的主体结构工程设计使用年限为 100 年。

（2）电缆隧道内通道的净高不宜小于 1.9m；与其他管沟交叉的局部段，净高可降低，但不应小于 1.4m。

（3）电缆隧道最小纵坡不宜小于 5‰，不应小于 3‰，最大纵坡不宜大于 15°，当纵坡大于 10% 时，应设置防防滑地坪或台阶。

（4）电缆隧道应采用全封闭的防水设计。

（5）电缆隧道应有通风、排水、动力照明、消防、综合监控等附属设施。

（七）直埋

直埋是指将电缆直接埋设于土中、预制槽盒中或砖砌槽盒中的一种敷设方式。电缆土中直埋敷设示意图如图 1−11 所示。

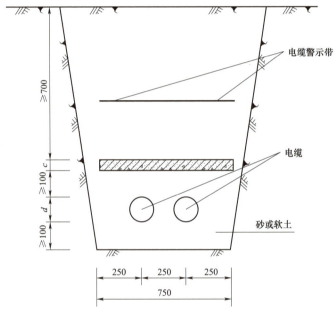

图 1−11 电缆土中直埋敷设示意图

d—电缆直径；*c*—槽盒厚度

1. 适用范围及特点

直埋敷设适用于电缆数量少、敷设距离短、地面荷载比较小的地方，过路、重型车辆通行等区域不得采用直埋型式。直埋电缆路径应选择地下管网结构简单、不经常开挖和没有腐蚀土壤的路段。

优点：施工简单、造价低，电缆敷设后与土或砂接触，有利于电缆散热和防火。

缺点：电缆抗外力破坏能力差，电缆敷设后如进行电缆更换，需进行地面开挖。

2. 设计要点

（1）直埋敷设应避开含有酸、碱强腐蚀或杂散电流电化学腐蚀严重影响的地段。禁止电缆与其他管道上下平行敷设。电缆与管道、地下设施、铁路、公路平行交叉敷设的容许最小距离应符合《电力工程电缆设计标准》（GB 50217—2018）中的相关规定，具体见表 1-3。

表 1-3　　　　　　　电缆间及电缆与管道、道路、铁路、
　　　　　　　　　建筑物之间平行和交叉时的最小净距　　　　（m）

项目		最小净距	
		平行	交叉
电力电缆间及其控制电缆间	10kV 及以下	0.10	0.50
	10kV 以上	0.25	0.50
控制电缆间		—	0.50
不同使用部门的电缆间		0.50	0.50
热管道（管沟）及热力设备		2.00	0.50
油管道		0.50	0.50
可燃气体及易燃液体管道（沟）		1.00	0.50
铁路路轨		3.00	1.00
公路		1.50	1.00
电气化铁路路轨	交流	3.00	1.00
	直流	1.00	1.00
城市街道路面		1.00	0.70
杆基础（边线）		1.00	—
建筑物基础（边线）		0.60	—
排水沟		1.00	0.50

注　1. 电缆与公路平行的净距，当情况特殊时可酌减。

　　2. 当电缆穿管或者其他管道有保温层等防护设施时，表中净距应从管壁或防护设施的外壁算起。

　　3. 电缆穿管敷设时，与公路、街道路面、杆基础、建筑物基础、排水沟等的平行净距可按表中数据减半。

　　4. 严禁将电缆平行敷设于管道的上方或下方。特殊情况应按下列规定执行：

　　（1）电力电缆间及其与控制电缆或不同使用部门的电缆间，当电缆穿管或用隔板隔开时，平行净距可降低为 0.1m。

　　（2）电力电缆间、控制电缆间以及它们相互之间，不同使用部门的电缆间在交叉点前后 1m 范围内，当电缆穿入管中或用隔板隔开时，其交叉净距可降低为 0.5m。

　　（3）电缆与热管道（沟）、油管道（沟）、可燃气体及易燃液体管道（沟）、热力设备或其他管道（沟）之间，虽净距能满足要求，但桥修管路可能伤及电缆时，在交叉点前后 1m 范围内，尚应采取保护措施；当交叉净距不能满足要求时，应将电缆穿入管中，其净距可降低为 0.25m。

　　（4）电缆与热管道（沟）及热力设备平行、交叉时，应采取隔热措施，使电缆周围土壤的温度不超过 10℃。

　　（5）当直流电缆与电气化铁路路轨平行、交叉其净距不能满足要求时，应采取防电化腐蚀措施。

　　（6）直埋电缆穿越城市街道、公路、铁路，或穿过有载重车辆通过的大门进入建筑物的墙角处，进入隧道，人井，或从地下引出到地面时，应将电缆敷设在满足强度要求的管道内，并将管口封堵好。

　　（7）高电压等级的电缆宜敷设在低电压等级电缆的下面。

（2）直埋敷设于非冻土区时，电缆覆土深度不应小于 0.7m，当位于耕地时，应适当加深，且不应小于 1.0m。直埋敷设于冻土区时，宜埋设在冻土层下；但无法深埋时可埋设在土壤排水性好的干燥冻土层或回填土中。

（3）电缆敷设于土中时，沿电缆全长的上、下、侧面应铺以不小于 100mm 的砂或细土，并沿电缆全长覆盖混凝土保护板，其宽度不小于电缆两侧各 50mm。电缆敷设与预制槽盒中时，槽盒中电缆上下各填 150mm 厚砂或细土，上盖保护盖板。电缆敷设与砖槽盒中时，砖砌槽的垫层采用混凝土，槽壁可采用普通砖，盖板采用混凝土，槽盒中电缆上下各填 100、150mm 厚砂或细土。

（4）直埋电缆引入构筑物时，在贯穿墙孔处应设置保护管，管口设置阻水措施。

（5）电缆敷设后，电缆保护板上应铺以醒目的警示带。电缆通道起止点、转弯处及沿线，在地面上应设明显的电缆标识，标识应设置通道两侧，反映直埋电缆宽度。

三、电缆及附件设计

（一）电缆设计选型

电缆设计选型需要确定的主要技术参数有环境条件、运行电压、导体截面、绝缘结构、金属护套及外护套等。

1. 环境条件

电缆一般运行环境条件见表 1−4。

表 1−4　　　　　　　　　　电缆一般运行环境条件

项目	单位	参数
海拔高	m	＜1000
最高环境温度	℃	+40
最低环境温度	℃	−20
日照强度	W/cm²	0.1
年平均相对湿度	%	80
雷电日	日/年	40
基本风速	m/s	27

注　实际工程中的运行环境条件需根据所在地区环境修正。

2. 运行电压

电缆的额定电压应按电缆导体与绝缘屏蔽层或金属护套之间的额定工频电压（U_o）、任何两相线之间的额定工频电压（U）、任何两相线之间的运行最高电压（U_m）以及每一导体与绝缘屏蔽层或金属护套之间的基准绝缘水平 BIL 选择，且应符合表 1–5 的规定。

表 1–5　　　　　电 缆 额 定 电 压 值　　　　　（kV）

项目	系统中性点有效接地			系统中性点非有效接地		
额定电压	10	20	35	10	20	35
U_o	6	12	21	8.7	18	26
U_m/U	11.5	24	42.5	11.5	24	42.5
BIL	75	125	200	95	170	250

3. 导体截面

（1）最大工作电流作用下的导体温度，不得超过按电缆使用寿命确定的允许值。聚氯乙烯电缆正常运行时缆芯工作温度最高允许温度为 70℃，通过短路电流时最高允许温度为 160℃；交联聚乙烯绝缘电缆正常运行时缆芯工作温度最高允许温度为 90℃，通过短路电流时最高允许温度为 250℃。

（2）电缆导体最小截面应同时满足系统要求载流量和通过系统最大短路电流时热稳定的要求。

（3）电缆导体截面的选择应结合环境条件、敷设方式等条件综合考虑。

4. 金属屏蔽、铠装、外护套选择

金属屏蔽、铠装、外护套宜按表 1–6 选择。

表 1–6　　　　绝缘屏蔽或金属护套、铠装、外护套选择

敷设方式	金属屏蔽	铠装	外护套
直埋	软铜线或铜带	铠装（3 芯）	聚氯乙烯或聚乙烯
排管、电缆沟、隧道、电缆井	软铜线或铜带	铠装/无铠装（3 芯）	

（1）在潮湿、含化学腐蚀环境或易受水浸泡的电缆，宜选用聚乙烯等材料类型的外护套。

（2）在保护管中的电缆应具有挤塑外护层。

（3）在电缆夹层、电缆沟、电缆隧道等防火要求高的场所，宜采用阻燃外护套，根据防火要求选择相应的阻燃等级。

（4）有化学溶液污染的场所，应按其化学成分采用相应材质的外护套。

（5）有白蚁危害的场所，应采用金属套或钢带铠装，或在非金属外护套外采用防白蚁护套。

（6）有鼠害的场所，宜在外护套外添加防鼠金属铠装，或采用硬质护套。

（二）电缆附件选择

电缆附件是指在电缆线路中与电缆配合使用的各种接头及终端。

（1）电缆附件的额定电压以 $U_o/（U_m）$ 表示，它不得低于电缆的额定电压。

（2）电缆附件绝缘特性应符合下列规定：

1）电缆附件是将各种组件、部件和材料，按照一定设计工艺，在现场安装到电缆端部构成的，在绝缘结构上，它与电缆本体结合成不可分割的整体。

2）电缆附件设计时，采用的每一导体与屏蔽或金属护套之间的雷电冲击耐受电压之峰值，即基准绝缘水平 BIL，应符合表 1-5 的规定。

（3）电缆户外终端的外绝缘必须满足所设置环境条件的要求，泄漏比距不低于架空线绝缘子的爬距。

（4）外露于空气中的电缆终端装置类型应按下列条件选择：

1）不受阳光直接照射和雨淋的室内环境应选用户内终端。

2）受阳光直接照射和雨淋的室外环境应选用户外终端。

3）常用的终端类型有热缩型、冷缩型、预制型，应根据安装位置、现场环境等因素进行相应选择。

（5）三芯电缆中间接头应选用直通接头，有热缩型、冷缩型、绕包式等，可按照电缆敷设环境及施工工艺等因素进行相应选择。

（三）电缆线路接地系统设计

电缆线路接地主要分为电缆构筑物接地、电缆金属护层接地两大类。电缆构筑物接地包括电缆隧道接地、电缆工井接地、电缆沟接地、电缆桥架接地等。电缆金属护层接地包括两端直接接地、单点直接接地、交叉互联接地等。电缆构筑物及电缆支架、电缆的金属护套和铠装必须可靠接地。

1. 电缆构筑物接地

（1）电缆隧道接地。

1）隧道的综合接地网设计及隧道的附属设施的接地设计应符合《电力电缆隧道设计规程》（DL/T 5484）的要求。

2）隧道内应使用同一个总的综合接地网，其接地电阻 $R \leq 2000/I$（R 为计及季节变化的最大接地电阻，I 为计算用的流经综合接地网的入地短路电流），且不宜大于 1Ω。

3）隧道内的金属构件和固定式电器用具均应与接地网连通。接地网使用截面应进行热稳定校验，且不宜小于 40×5mm，接地网宜使用经防腐处理的扁钢，现场焊接，不得使用螺栓搭接方法。

4）隧道内电缆系统应设置专用的接地汇流排或接地干线，其使用截面应进行热稳定校验，并应在不同的两点及以上就近与综合接地网相连接。隧道内的电缆接头、接地箱的接地应以独立的接地线与专用接地汇流排或接地干线可靠连接。

（2）电缆工井接地。每座电缆工井应设接地装置，接地电阻不应大于 10Ω。安装在电缆工井内的金属构件应采用镀锌扁钢与接地装置连接。

（3）电缆沟接地。电缆沟应设置接地装置，接地电阻不宜大于 5Ω。

（4）电缆桥架接地。电缆桥架的起始端和终点端应与接地网可靠连接，桥架金属构件均应可靠接地。

2. 电缆金属护层接地

（1）两端直接接地。三芯电缆的金属护层一般采用两端直接接地，如图 1－12 所示。

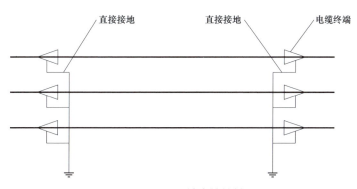

直接接地　　　　　直接接地　　　　　电缆终端

图 1－12　两端直接接地

（2）单点直接接地。单芯电缆线路采用线路一端或中央部位单点直接接地时，按图 1－13 设置。

注意：设置护层电压限制器适合 35kV 以上电缆，35kV 电缆需要时可设置，35kV 以下电缆不需设置。

（3）交叉互联接地。对于 35kV 单芯电缆线路采用交叉互联接地，宜划分适当的单元设置绝缘接头，使电缆金属护层分隔在三个区段，如图 1－14 所示。每单元系统中三个分隔区段长度宜均匀。

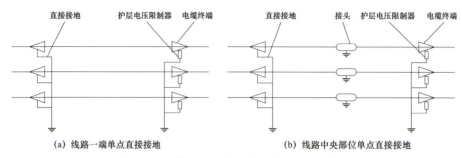

（a）线路一端单点直接接地　　　　　　　（b）线路中央部位单点直接接地

图 1-13　线路一端或中央部位单点直接接地

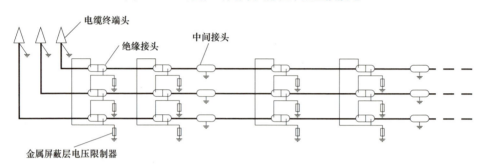

图 1-14　交叉互联接地

（4）电缆接地线应采用铜绞线或镀锡铜编织线与电缆屏蔽层连接，铜绞线或镀锡铜编织线应加包绝缘层。

（5）统包型电缆终端头的电缆铠装层、金属屏蔽层应使用接地线分别引出并可靠接地；橡塑电缆铠装层和金属屏蔽层应锡焊接地线。

（四）电缆线路雷电过电压保护

为防止电缆和电缆附件的主绝缘遭受过电压损坏，应采取以下保护措施：

（1）变电站内的户外电缆终端，必须在站内的避雷针或避雷线保护范围以内。

（2）电缆线路与架空线相连的一端应装设避雷器。

（3）电缆线路在下列情况下，应在两端分别装设避雷器：

1）电缆一端与架空线相连，而线路长度小于其冲击特性长度。

2）电缆两端均与架空线相连。

（4）一般采用无间隙复合外套金属氧化物避雷器。

（五）电缆敷设

（1）不同方式敷设的电缆，其允许最小转弯半径均应满足表 1-7 要求。

表 1-7　　　　　　　　　　电力电缆允许最小弯曲半径

电缆类别		3 芯	单芯
交联聚乙烯绝缘电力电缆	≥20kV	15D	20D
	≤20kV	10D	12D
聚氯乙烯绝缘电力电缆	0.4kV	10D	10D

注　表中 D 为电缆外径。

（2）电缆支架的层间垂直距离应满足电缆能方便的敷设和固定，在多根电缆同层支架敷设时，有更换或增设任意电缆的可能。电缆支架的层间允许最小净距见表 1-8。

表 1-8　　　　　　　　　电缆支架的层间允许最小净距　　　　　　　　　　（mm）

电缆类型及敷设特征		支架层间最小净距
控制电缆		120
电力电缆	电力电缆每层一根	D+50
	电力电缆每层多于一根	2D+50
	电力电缆三根"品"字形布置	2D+50
	电力电缆三根"品"字形布置多于一回	3D+50
	电缆敷设于槽盒内	H+80

注　D 为电缆外径，H 为槽盒外壳高度。

（3）电缆沟中安装的电缆支架离底板和顶板的净距不低于 10mm 和 150mm，隧道或电缆夹层中安装的电缆支架离底板和顶板的净距不低于 10mm 和 100mm。

（4）直埋方式规划敷设电缆根数宜在 6 根及以下，排管或电缆沟方式规划敷设电缆根数宜在 24 根及以下，隧道方式规划敷设电缆根数宜在 18 根及以上。

（5）电缆线路的设计分段长度，除应满足电缆护层感应电压的允许值外，还要结合施工条件和施工机具等因素，使电缆敷设牵引力、侧压力满足规范要求。

（六）电缆防火

（1）变电站电缆夹层、电缆竖井、电缆隧道、电缆沟等在空气中敷设的电缆，应选用阻燃电缆。

（2）在变电站电缆夹层、电缆竖井、电缆隧道、电缆沟等场所中已经运行的非阻燃电缆，应包绕防火包带或涂防火涂料。电缆穿越建筑物孔洞处，必须用防火封堵材料封堵。

（3）长距离电缆沟、隧道及架空桥架相隔 100m 处，或隧道通风区段处，厂、站外相隔 200m 处需设置防火墙或阻火段。

（4）电缆竖井中应分层设置防火隔板。

（5）对同一通道中数量较多的明敷电缆实施防火分隔方式，宜敷设于耐火电缆槽盒内，也可敷设于同一侧支架的不同层或同一通道的两侧，但层间和两侧间应设置防火封堵板材，其耐火极限不应低于 1h。

（6）电缆通道与变电站和重要用户的接合处应设置防火隔断。

（7）电缆夹层、电缆隧道宜设置火情监测报警系统和排烟通风设施，并按消防规定，设置沙桶、灭火器等常规消防设施。

（8）对防火防爆有特殊要求的，电缆接头宜采用填沙、加装防火防爆盒等措施。

（9）10（20）kV 与 35 kV 及以上电缆混沟敷设时，需加装防火隔离措施。

（10）不应在变电站电缆夹层、桥架和竖井等缆线密集区域布置电力电缆接头。

（11）电缆接头应采取合理的防火隔离措施，必要时加装灭火装置。

📝 习 题

1. 简答：请简述电缆工程路径设计的主要流程。

2. 简答：请简述封闭式工井的安全孔设置要求。

3. 简答：某电缆工程需穿越约 30m 宽的河道，适合采用何种形式的电缆构筑物进行建设。

4. 简答：电缆沟、隧道或工作井内通道净宽允许最小值。

5. 简答：电力电缆允许转弯半径要求。

第二节　电缆敷设施工

📋 学习目标

1. 掌握电缆构筑物施工的施工要求

2. 掌握电缆典型敷设施工的施工要点

3. 掌握电缆施工管理的流程

📋 知识点

一、电缆构筑物施工

（一）电缆沟、电缆工井施工

电缆沟、电缆工井施工应满足下列要求：

（1）电缆沟、工井开挖时，应密切注意地下管线、构筑物分布情况。

（2）如出现沟底持力层达不到设计要求，应采取换土处理。

（3）拆模养护时，非承重构件的混凝土强度达到1.2MPa且构件不缺棱掉角，方可拆除模板。

（4）混凝土外露表面不应脱水，普通混凝土养护时间不少于7天。

（5）抹灰工程施工的环境温度不宜低于5℃，在低于5℃的气温下施工时，应有保证质量的有效措施。

（6）土方回填时宜采用人工回填，采用石灰粉或粗砂分层夯实，每层厚度不应大于300mm。

（7）排管数较多且将敷设10（20）kV及以下电力电缆的非直线井应为全开启电缆工井。

（8）高压设备基础与电缆通道平行时，设备基础前的三通电缆井与设备基础距离不宜小于2m，否则井盖应为全开启或在基础背面再增设电缆工井。

（二）电缆排管施工

电缆排管施工应满足下列要求：

（1）管沟填碎石、石粉或粗砂垫层应控制好高度，并压实填平。

（2）在浇捣排管外包混凝土之前，应将工井留孔的混凝土接触面凿毛（糙），并用水泥浆冲洗。在排管与工井接口处应设置变形缝。

（3）管应保持平直，管与管之间应有20mm的间距，管孔数宜按发展预留适当备用，管路纵向连接处的弯曲度，应满足牵引电缆时不致损伤的要求。

（4）施工中应防止水泥、砂石进入管内，管应排列整齐，并有不小于0.1%的排水坡度，施工完毕应用管盖盖住两端。

（三）非开挖定向钻（拉管）施工

非开挖定向钻（拉管）施工应满足下列要求：

（1）按照设计图纸，提前做好勘测工作，查明地形、地貌、地面建筑对工程的不利条件，查清水域覆盖面积和深度，查实有无影响检测的干扰源，并做好标记。施工前应提前与市政有关部门进行沟通，确认开挖处有无其他管线。地下管线探测后，尚应通过地面标志物、检查井、闸门井、仪表井、人孔、手孔等进行复核。

（2）入钻点宜设在行人车辆稀少且具有足够空间摆放设备处，出钻点则宜设置在能够摆放管材、方便拖管的另一端。

（3）出入土角应根据设备机具的性能、出入土点与被穿越障碍的距离、管线埋设深度等选择，出入土角宜为8°～15°，并满足电缆进入工井时的弯曲半径。

（4）钻进和回拖只允许钻杆顺时针旋转，以免钻杆松脱；钻杆分离过程中钻杆必须逆时针旋转，以免损坏螺纹。

（5）回拖铺管结束后，必须在回扩孔内压密注浆，固化泥浆的配制及充填应满足有关工艺的要求。

（6）管材间的连接应采用热熔对接。热熔对接时，管材两端面刨平，用加热板加热，使塑管端面熔化，完成管道连接。

（7）空孔洞应采用楔形堵头或可膨胀堵头进行封堵，避免堵头滑落拖拉管中部，且便于后期施工开启。

二、电缆典型敷设施工

（1）电缆敷设前应按下列要求进行检查：

1）电缆沟、电缆隧道、排管、交叉跨越管道及直埋电缆沟深度、宽度、弯曲半径等符合《电力工程电缆设计标准》（GB 50217）的要求；电缆通道畅通，排水良好；金属部分的防腐层完整；隧道内照明、通风符合设计要求。

2）电缆型号、电压、规格应符合设计要求。电缆外观应无损伤，当对电缆的外观和密封状态有怀疑时，应进行潮湿判断；直埋电缆与水底电缆应试验并合格，外护层有导电层的电缆，应进行外护套绝缘电压试验，并合格。

3）电缆放线架应放置稳妥，钢轴的强度和长度应与电缆盘重量和宽度相配合，敷设电缆的机具应检查并调试正常，电缆盘应有可靠的制动措施。

4）敷设前应按设计和实际路径计算每根电缆的长度，合理安排每盘电缆，减少电缆接头（运行经验，电缆中间接头的事故率在电缆故障中占较大比例），中间接头位置应避免设置在交叉路口、建筑物门口，与其他管线交叉处或通道狭窄处。

5）在带电区域内敷设电缆，应有可靠的安全措施。采用机械敷设电缆时，牵引机和导向机构应调试良好。

（2）电缆敷设时应满足下列要求：

1）电缆敷设时，不应损坏电缆沟、隧道、电缆工井的防水层。

2）三相四线制系统中应采用四芯电力电缆，不应采用三芯电缆另加一根单芯电缆或以导线、电缆金属护套作中性线。

3）并联使用的电力电缆，其长度、型号、规格应相同。

4）电力电缆在终端头与接头附近宜留有备用长度。

5）任何方式敷设的电缆，无论在垂直、水平转向部位和电缆热伸缩部位，以及蛇形弧部位的最小弯曲半径，应符合表 1-9 的规定。

表 1-9　　　　　　　　　各类型电缆的最小弯曲半径

电缆型式		多芯	单芯
控制电缆	非铠装型、屏蔽型软电缆	6D	—
	铠装型、屏蔽型	12D	
	其他	10D	
橡胶绝缘电力电缆	无铅包，钢铠护套	10D	
	裸铅包护套	15D	
	钢铠护套	20D	
塑料绝缘电缆	无铠装	15D	20D
	有铠装	12D	15D

注　D 为电缆外径。

6）电缆各支点间的距离应符合设计规定，当设计无规定时，不应大于表 1-10 中所列数值。

表 1-10　　　　　　　　　电缆各支点间的距离　　　　　　　　　（mm）

电缆种类		敷设方式	
		水平	垂直
电力电缆	全塑型	400	1000
	除全塑型外的中低压电缆	800	1500
	35kV 以上高压电缆	1500	2000
控制电缆		800	1000

注　全塑型电力电缆水平敷设沿支架能把电缆固定时，支节点间的距离允许为800mm。

7）电缆敷设时，电缆应从盘的上端引出，不应使电缆在支架上及地面摩擦拖拉，电缆上不得有铠装压偏、电缆绞拧、护层折裂等未消除的机械损伤。

（3）采用机械敷设电缆应满足下列要求：

1）应在施工措施中确定敷设方法、线盘架设位置、电缆牵引方向、校核牵引力和侧压力，配备敷设人员和机具。

2）应在牵引头或钢丝网套与牵引钢缆之间装设防捻器。

3）用机械敷设电缆时的最大牵引强度宜符合表 1−11 规定。

表 1−11　　　　　　　　　电 缆 最 大 牵 引 强 度　　　　　　　　（N/mm²）

牵引方式	牵引头		钢丝网套		
受力部位	铜芯	铝芯	铅套	铝套	塑料护套
允许牵引强度	70	40	10	40	7

4）机械敷设电缆的速度不宜超过 15m/min，110kV 及以上电缆或较复杂路径上敷设时，其速度应适当放慢。

5）敷设电缆时，电缆允许敷设最低温度，在敷设前 24h 内的平均温度以及敷设现场的温度不应低于表 1−12 的规定。

表 1−12　　　　　　　电缆类型电缆允许敷设最低温度　　　　　　　（℃）

电缆类型	电缆结构	允许敷设最低温度
橡皮绝缘电力电缆	橡皮或聚氯乙烯护套	−15
	铅护套钢带铠装	−7
塑料绝缘电力电缆	—	0

注　当温度低于表中规定值时，应采取措施（若厂家有要求，按厂家要求执行）。

（4）电力电缆接头的布置应满足下列要求：

1）并列敷设的电缆，其接头的位置宜相互错开。

2）电缆明敷时的接头，应用托盘位置固定。

3）直埋电缆原则上不允许设置电缆接头。

4）电缆中间接头应设置在直线井内。

（5）电缆的固定、标志牌的装设应符合下列规定：

1）电缆的固定。

a. 垂直敷设或超过 45°倾斜敷设的电缆固定在每个支架上。

b. 水平敷设的电缆在电缆首末两端及转弯、电缆接头的两端处加以固定；当对电缆间间距有要求时，每隔 5～10m 处固定。

c. 交流系统的单芯电缆或分相后的分相铅套电缆，还应满足短路电动确定所需予以固定的间距，其固定夹具不应构成闭合磁路。

2）标志牌的装设。

a. 生产厂房及变电站内应在电缆终端头、电缆接头处装设标志牌。

b. 城市电网电缆线路，应在电缆终端及电缆接头处、电缆管两端、人孔及工井处、电缆隧道内转弯处、电缆分支处、直线段每隔 50～100m 处等装设电缆标志牌。

c. 标志牌上应注明电缆线路编号，当无编号时，应写明电缆型号、规格、起始地点及制作人信息，并联使用的电缆应有顺序号，标志牌的字迹应清晰不脱落。标志牌规格宜统一，标志牌应能防腐，挂装应牢固。

（6）电缆进入电缆沟、隧道、竖井、建筑物、盘（柜）以及穿入管子时，出入口应封闭，管口应密封。

（7）利用交通桥梁敷设电缆，应取得当地桥梁管理部门认可且应遵守下列规定：

1）在桥梁上敷设的电缆和附件等重量，应在桥梁设计允许承载值之内。

2）电缆和附件的安装，不得有损于桥梁结构的稳定性。

3）在桥梁上敷设的电缆和附件，不得低于桥底距水面高度。

4）在桥梁上敷设的电缆和附件，不得有损于桥梁的外观。

（8）在短跨距的人行道下敷设的电缆应遵守下列规定：

1）电缆通过跨度小于 32m 的小桥时，把电缆穿入内壁光滑、耐燃性良好的管子内或放入耐燃性能良好的槽盒内，以防外界火源危及电缆。在人员不易接触处，电缆可在桥上裸露敷设，但应采取避免太阳直接照射的措施。

2）在桥墩两端或桥梁伸缩间隙处，应设电缆伸缩弧，用以吸收来自桥梁或电缆本身的热伸缩量。

（9）在长跨距的桥桁内或桥梁人行道下敷设电缆应遵守下列规定：

1）在电缆上采取适当的防火措施，以防外界火源危及电缆。

2）在桥梁上敷设的电缆，应考虑桥梁因受风力和车辆行驶时的振动而导致电缆金属护套出现疲劳的保护措施。

3）在桥梁伸缩间隙部位的一端，应按桥桁最大伸缩长度设置电缆伸缩弧，用以吸收桥桁的热伸缩。

4）在桥梁伸缩间隙处，宜把电缆放入能垂直、水平方向转动的万向铰链架内，用以吸收桥梁的挠角。

5）悬吊架设的电缆与桥梁架构之间的净距不应小于 0.5m。

6）沿电气化铁路或有电气化铁路通过的桥梁上明敷电缆的金属护层或电缆金属管道，应沿其全长与金属支架或桥梁的金属构件绝缘。

（10）隧道内电缆敷设应符合的要求

1）除控制电缆外，每档支架敷设的电缆不宜超过 3 根。

2）隧道内电缆的敷设要考虑电缆的热伸缩量以蛇形敷设为宜。以蛇形敷设的电缆应在下列部位用金属夹具或绳索固定于支架上。

a. 采用垂直蛇形应在每隔 5～6 个蛇形弧的顶部和靠近接头部位用金属夹具把电缆固定于支架上，其余部位应用具有足够强度的绳索固定绑扎在支架上。

b. 采用水平蛇形敷设的电缆，每个蛇形弧弯曲部位用夹具把电缆固定于防火槽盒内或桥架上。

c. 绑扎绳索强度按受绑扎的单芯电缆当通过最大短路电流时所产生的电动力验算。

d. 在坡度大于 10%的斜坡隧道内，把电缆直接放在支架上（如采用垂直蛇形敷设）时，应在每个弧顶部位和靠近接头部位用夹具把电缆固定于支架上，以防电缆热伸缩时移位。

3）电缆接头不宜安设在倾斜位置上。

三、电缆施工管理

在已有电缆通道敷设电缆，设计单位应办理电缆通道资源使用申请手续，选择合理的管孔、沟道支架，经电缆运行单位审批通过后，应将电缆管沟资源预占用的情况做好记录，防止同一资源重复开放。施工单位施工前，应与电缆运行单位开展联合查勘，填写查勘记录。

电缆线路新建改造工程应尽量避免将验收与停送电安排在同一天，原则上待工程验收合格后，方可安排停送电。如遇电缆线路停电改造且有用户停电的工作，确需将验收与送电安排在同一天时，施工单位应提前制定详细的施工方案，经配电电缆运行单位审核后，方可安排停送电。施工单位施工前应做好充分准备，提前核查电缆及附件质量合格，电缆施工及附件制作人员满足要求，施工过程中电缆每道关键工序应由监理人员旁站确认。监理、运行人员验收发现缺陷隐患应立即责令整改，缺陷隐患消除后须监理、运行人员确认无误后方可送电，确保电缆线路"零缺陷"投运。

（1）电缆建（构）筑物及接地施工时，应填写施工记录，包含以下内容：

1）土建、排管等竣工图纸和施工资料。

2）土建本体质量检验及评定记录。

3）顶（拖）管三维坐标资料，包括两端工作井的绝对标高、断面图、定向孔数量、平面位置、走向、埋深、高程、规格、材质和管束范围等信息。

4）接地系统安装记录。

（2）电缆线路施工时应填写施工记录，包含以下内容：

1）隐蔽工程隐蔽前检查记录或签证。

2）电缆敷设记录。

3）电缆线路质量检验及评定记录。

4）反映施工过程中质量控制主要活动、关键环节、隐蔽工程状况的影像资料。

习 题

1. 简答：非开挖定向钻（拉管）施工应满足哪些要求？

2. 简答：电缆敷设前应检查哪些方面？

3. 简答：电力电缆接头的布置应满足哪些条件？

4. 简答：电缆敷设后标志牌的位置应满足哪些要求？

5. 简答：在已有电缆通道敷设电缆设计单位及施工单位应办理哪些手续？

第三节 电 缆 附 件 制 作

学习目标

1. 掌握配电电缆终端、电缆中间接头、电缆预制终端制作的步骤

2. 熟练使用各项工器具，完成配电电缆终端、电缆中间接头、电缆预制终端制作

知 识 点

一、电缆的构造

电力电缆主要由导电线芯（多芯）、绝缘层和保护层三部分组成。单芯交联聚乙烯电力电缆的基本结构示意图如图 1-15 所示。

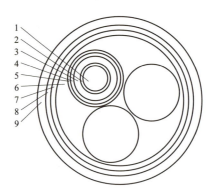

图 1-15 单芯交联聚乙烯电力电缆的基本结构示意图

1—导体；2—内半导电层；3—绝缘层；4—外半导电层；5—铜屏蔽层；6—填充物；

7—内护套内护套；8—铠装层；9—外护套

1. 电缆导体材料的结构及性能

导体的作用是传输电流，电缆导体（线芯）大都采用高电导系数的金属铜或铝制造。为了满足电缆的柔软性和可曲性的要求，电缆导体一般由多根导线绞合而成。

2. 电缆屏蔽层的结构及性能

电缆屏蔽层可分为导体屏蔽和绝缘屏蔽，能够将电场控制在绝缘内部，同时能够使绝缘表面光滑，并借此消除界面的空气间隙。

电缆导体由多根导线绞合而成，它与绝缘层之间易形成气隙，造成电场集中。导体屏蔽层与接触的导体等电位，并与绝缘层良好接触，从而避免导体与绝缘层之间发生局部放电。这层屏蔽又称为内屏蔽层。

在绝缘表面和护套接触处，也可能存在间隙。在绝缘层表面加一层半导电材料的屏蔽层，它与绝缘层有良好接触，与金属护套等电位，从而可避免在绝缘层与护套之间发生局部放电。这层屏蔽又称为外屏蔽层。

除半导电屏蔽层外，还要增加用铜带或铜丝绕包的金属屏蔽层。其作用是在正常运行时通过电容电流；当系统发生短路时，作为短路电流的通道，同时也起到屏蔽电场的作用。

3. 电缆绝缘层的结构及性能

电缆绝缘层具有承受电压的功能。电缆运行时，绝缘层应具有稳定的特性，较高的绝缘电阻、击穿强度，优良的耐树枝放电和局部放电性能。目前应用最为广泛、也是为最常见的绝缘材料是交联聚乙烯绝缘。交联聚乙烯是聚乙烯经过交联反应后的产物。采用交联的方法，将线形结构的聚乙烯加工成网状结构的交联聚乙烯，从而改善了材料的电气性能、耐热性能和机械性能。

4. 电缆护层的结构及作用

电缆护层是覆盖在电缆绝缘层外面的保护层。常见的护层结构由内向外分别是内护套、铠装层、外护套，以同心圆形式层层相叠，成为一个整体。

护层的作用是保证电缆能够适应各种使用环境的要求，使电缆绝缘层在敷设和运行过程中免受机械或各种环境因素损坏，以长期保持稳定的电气性能。内护套的作用是阻止水分、潮气及其他有害物质侵入绝缘层，以确保绝缘层性能不变。铠装层是电缆具备必需的机械强度。外护套主要是用于保护铠装层或金属护套免受化学腐蚀及其他环境损害。

二、电缆附件的分类

在电缆与电缆连接或电缆与设备连接时，需要用到电缆附件。目前配电网常见的电缆附件按用途可分为中间接头附件和终端附件，根据位置又可分为户内终端（见图1-16）、户外终端（如图1-17），按安装方式又可分为热缩式、冷缩式、预制式、绕包式、熔接式等。

图1-16　户内终端　　　　图1-17　户外终端

1. 热缩附件

热缩附件是将各种不同性能的管材按工艺要求套装在电缆上，加热收缩而成。所用材料一般为以聚乙烯及乙丙橡胶等多种材料组分的共聚物，主要采用应力管处理应力集中问题。其主要优点是轻便、安装容易、性能尚好、价格便宜。热缩附件因弹性较小，运行中热胀冷缩时可能使界面产生气隙，因此密封技术很重要，以防止潮气浸入。

2. 预制附件

预制附件是利用橡胶材料，将绝缘层和屏蔽层在工厂内模制成一个整体，使用时在现场套装在电缆上。所用材料一般为硅橡胶或乙丙橡胶，主要采用几何法即应力锥来处理应力集中问题。其主要优点是材料绝缘性能优良，弹性好，使得界面性能得到较大改善，安装时简便快捷、无需动火。因此预制附件成为近年来中低压以及高压电缆采用的主要形式。其使用过程中的注意点是附件的尺寸与待安装的电缆的尺寸配合要符合规定的要求。

3. 冷缩附件

冷缩附件是将绝缘层和屏蔽层在工厂内模制成一个整体，然后扩张至规定的尺寸，用支架支撑起来，现场使用时，抽调支架即可。所用材料一般也为硅橡胶，冷缩附件一般采用几何结构与电气参数结合法来处理应力集中问题。与预制式附件相比，同样具备了材料性能优良、不动火、安装便捷等优点，在此基础上其最大特点是克服了因电缆截面尺寸公差太大而造成的安装困难，安装到位后，其工作性能与预制式附件基本一致，也是近年来中低压以及高压电缆采用的主要形式。其使用过程中的注意点是附件与待安装的电缆的尺寸配合要符合规定的要求。

三、附件的电场分布

在电缆终端或电缆接头处的金属护套和屏蔽层断开处会发生电场畸变，电场电力线向屏蔽层断口处集中。使得屏蔽层断口处成为最容易被击穿的部位。改善绝缘屏蔽层断开处的电场分布方法主要有几何法和参数法两种。

1. 几何法

几何法是通过增大绝缘等效半径来改变电场分布，最有代表性的就是应力锥。应力锥是用来增加高压电缆绝缘屏蔽直径的锥形装置，以将接头或终端内的电场强度控制在规定的设计范围内。应力锥是最常见的改善局部电场分布的方法，从电气的角度上看，也是最可靠有效的方法。应力锥通过将绝缘屏蔽层的切断点进行延伸，使零电位形成喇叭状，改善了绝缘屏蔽层的电场分布，降低了电晕产生的可能性，减少了绝缘的破坏，从而保证了电缆线路的安全运行（见图1-18和图1-19）。在电缆终端和接头中，自金属护套边缘起绕包绝缘带（或者套橡塑预制件），使得金属护套边缘到增绕绝缘外表之间形成一个过渡锥面的构成件，即应力锥。应力锥适用范围广，500kV及以下电力电缆均有使用。

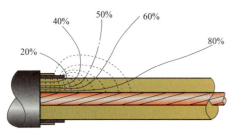

图1-18　无应力锥

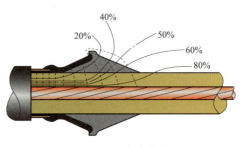

图1-19　有应力锥

2. 参数法

参数法是采用合适的电气参数的材料复合在电缆末端屏蔽切断处的绝缘表面上，以改变绝缘表面的电位分布，从而达到改善电场的目的。通常在电缆末端铜屏蔽切断处的绝缘上加一层一定参数材料制成的应力控制层，改变绝缘层表面的电位分布，达到改善该处电场分布的目的（见图 1-20 和图 1-21）。一般适用于 35kV 以下交联聚乙烯电缆终端，如常见的应力控制管、应力带等。

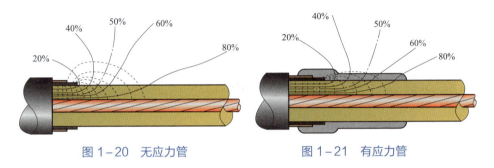

图 1-20　无应力管　　　　　　　　图 1-21　有应力管

技能操作

一、工器具

剥切刀、螺丝刀、老虎钳、锯弓、压接钳、卷尺、小钢尺、锉刀、砂纸、备用刀片、定位胶带、扎线、记号笔、环境温湿度计等。

二、电缆预处理

电缆预处理通常是指按指定尺寸，将电缆逐层剥切至安装附件前的工序。在各类型的附件安装前，都需要进行电缆预处理。

1. 准备工作

（1）工作现场空气湿度应不高于 70%，环境温度不低于 0℃。

（2）核对电缆的型号、长度，在端头部位检查有无明显受潮。

（3）将电缆牢固，对电缆校直，清洁表面污垢。

（4）阅读安装图纸。

注意：电缆较直后可减小尺寸测量误差，对于电缆切面不平的，应重新锯平。

2. 护套及铠装层的开剥

（1）开剥外护套。按照安装图纸尺寸要求开剥电缆外护套，先环切再纵切，环切口应平整。注意：为方便铠装层的剥除，应分两次剥除，在电缆端头处预留约 10cm 外护套，避免铠装层松散。

（2）开剥铠装层。用扎线（铜丝或铁丝）或恒力弹簧按照安装图纸尺寸在铠装层剥除位置固定，如无合适扎线也可借用终端附件中的恒力弹簧固定。用锯弓沿扎线在铠装层上锯出 1/2 深度的锯痕，借用老虎钳沿锯痕撕除铠装层，锯痕应平整，不要锯穿以免伤及内护套（见图 1−22）。

图 1−22 剥除外护套、铠装层

（3）开剥内护套。按照安装图纸尺寸开剥内护套，通常先环切再竖切，刀口沿衬垫填充物的位置划开。注意：不得损伤铜屏蔽层，内护套端部剥离时应用胶带缠紧各相铜屏蔽带的端头，以免松散（见图 1−23）。

（4）剥除填充物。刀口向外，沿底部切除各相之间的填充物，注意不要损伤铜屏蔽、内护套，切口应平整（见图 1−23）。

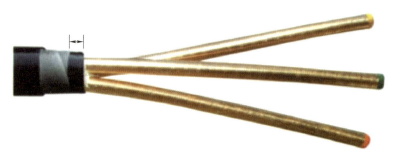

图 1−23 剥除内护套和填充层

3. 剥除铜屏蔽

根据安装说明书尺寸标记定位，用刀压出印痕，但不得切断铜带，以免伤及内部结构，将铜带沿印痕均匀撕断。注意：铜屏蔽断口要平滑整齐，为均匀的圆周，不得有尖角及缺口，不允许让铜带尖角刺入外半导电层。

4. 外半导电层处理

（1）剥除半导电层。根据安装说明书尺寸定位，用刀先环切，再竖切 2～3

道刀痕至端部。在端部用老虎钳剥离半导电层后沿刀痕撕下。注意：环切、竖切刀痕都需控制力度不伤及绝缘层。半导电层撕除靠近底部时，应横向撕断，以免造成环切刀口下部半导电层与绝缘层剥离。半导电断口应平滑整齐，无尖角及缺口。

（2）半导电端口倒角。在半导电端口位置环切形成 2～3mm 坡面，并打磨光滑，坡面端口应平齐，和绝缘层形成平滑的过度。注意：不得损伤绝缘层，打磨时应注意砂纸不得触及绝缘层。

（3）包裹半导电带。在铜屏蔽断口位置包裹半导电带。注意：半导电带应拉伸到位，上下各遮蔽 0.5mm，以安装说明书为准。

5. 绝缘层处理

（1）剥除绝缘。在端部量取相应尺寸（终端头为接线端子孔深＋5mm、中间接头为压接管长度/2＋5mm），剥除绝缘层时应先环切，再竖切。注意：绝缘断口应平整，无尖角毛刺，过程不要伤及导体线芯，剥除时可使用老虎钳、螺丝刀辅助剥除。剥除绝缘层后，应用砂纸打磨线芯导体，打磨前应做好防护措施，避免污染导体（见图 1－24）。

图 1－24　铜屏蔽、绝缘层剥除

（2）绝缘倒角。在绝缘层端口处，用刀环切形成 45° 的 1mm×1mm 倒角，注意不要伤及线芯或其余部分主绝缘。

（3）打磨绝缘。使用 240 号或 320 号砂纸，对绝缘层打磨，如有刀痕，或是残留黑色半导电颗粒，须打磨干净。打磨结束后用清洁纸由端部至底部（高电位至低电位）环绕清洁，不可往复清洁或重复使用。注意：打磨时应先用粗砂纸，再用细砂纸。不可用打磨过半导电层或金属的砂布来打磨主绝缘，以避免导电颗粒污染主绝缘表面。

三、电缆冷缩终端附件安装

1. 安装终端接地

（1）打磨。安装前应先对铜屏蔽底部、铠装交接位置及外护套局部打磨，去除污垢及氧化层；

（2）铠装接地。为保证良好的接触，使用恒力弹簧在钢铠打磨处固定铠装接地线，固定前先拉松接地线端部以增加接触面积，并做一次反折操作，压实后用绝缘自粘带（部分附件厂家采用 PVC 胶带或填充胶，以安装说明书为准）将恒力弹簧和接地线包覆住（见图 1-25）。

图 1-25 铠装接地线

（3）铜屏蔽接地。同样使用恒力弹簧在铜屏蔽底部安装固定铜屏蔽接地线，再绕包绝缘自粘带将第二个恒力弹簧也包覆住（见图 1-26）。注意：接地线应与三相铜屏蔽均应紧密接触，铠装接地线与铜屏蔽接地线之间应错开一个角度。

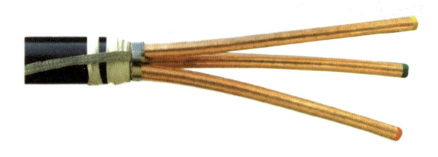

图 1-26 铜屏蔽接地

2. 安装三指套、冷缩指管

（1）填充密封。在三指套安装位置使用填充胶包裹，应平滑、饱满。根据安装说明书尺寸，在底部用密封胶（红褐色）包绕接地线防水层（见图 1-27）。注意：密封胶应缠绕两层，将接地线覆盖其中。

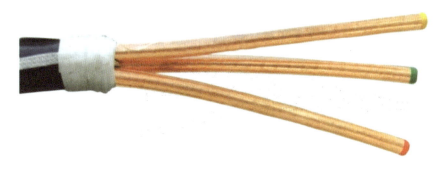

图 1-27　包裹填充胶

（2）安装三指套。在安装位置涂抹一层硅脂（部分附件厂家采用 PVC 胶带包裹，以安装说明为准），将三指套从端部套入到底部后，先抽出根部芯绳，后抽出"手指"部分的芯绳使三叉手套能完全套入电缆（见图 1-28）。注意：可在套入前抽出少量指管芯绳，使得套入三指套时更容易到达安装位置，该步骤需反复练习。安装完成后三指套应饱满、圆润，无气泡、褶皱，接地线防水层应被三指套完整包住。

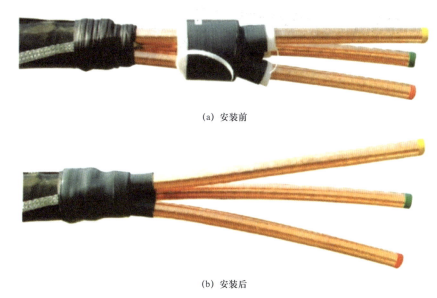

(a) 安装前

(b) 安装后

图 1-28　安装三指套

（3）安装冷缩指管。安装各相的冷缩指管，应与三指套指端搭接 1~2cm，以安装说明书为准。搭接位置应平整，指管收缩后应服贴，无气泡褶皱（见图 1-29）。注意：收缩过程应避免指管受力，产生应力。

图 1-29　安装冷缩管

3. 安装冷缩终端

在根部根据安装说明做定位标记，该标记务须准确。在主绝缘层涂抹适量硅脂，由上至下套入冷缩终端，抽去芯绳，使冷缩终端固定牢固，三相依次完成（见图 1-30）。

图 1-30　安装冷缩终端

4. 压接线芯端子

（1）端子划线。清洁接线端子后，一般从根部向上 4mm 作为第一道压痕标记，扣除压钳模具宽度，压痕间距为 5mm（以安装说明书为准）。

（2）压接。在线芯上均匀涂抹适量导电膏后套入接线端子，由上向下压接，接线端子朝向应一致，压痕方向应一致。压接后应打磨清洁，去除压接造成的毛刺（见图 1-31）。注意：压接完成后接线端子底部与绝缘层应有 5mm 间隙。

（3）安装冷缩短管。用填充胶填充接线端子与绝缘层间的间隙，并包裹接线端子全部压痕。使用硅脂或 PVC 胶带包裹填充胶后套入冷缩短管，拉出芯绳，使之收缩，冷缩短管与冷缩终端应有 1～2cm 的有效搭接。

（4）标记相色。核相后，在冷缩短管外用相应颜色的 PVC 胶带标记相色。

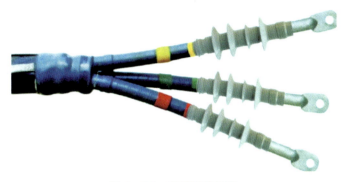

图 1-31 压接接线端子

四、电缆预制终端附件安装

在完成安装接地线、三指套、冷缩指管（详见电缆冷缩终端附件安装）后进行以下步骤。

1. 剥切电缆

（1）根据附件尺寸剥切电缆。剥切时切勿划伤主绝缘，对主绝缘表面可见痕迹使用细砂纸打磨光滑，半导电与主绝缘处做 2～3mm 坡面。

（2）用 PVC 绝缘带绕包绝缘管切口。在绝缘管切口处绕包一层 PVC 绝缘带。

（3）缠绕定位胶条。在半导电根部绕包定位胶条，为 15mm 宽圆柱形，不得缠绕成鼓形或锥形，以免造成应力锥不能定位而下滑，引起不必要事故（见图 1-32）。

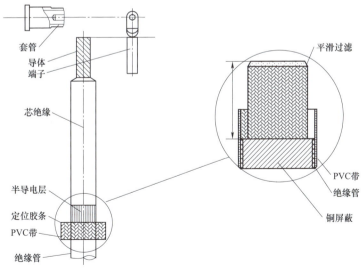

图 1-32 定位标记

2. 安装应力锥

（1）清洁辅材。前后接头安装配合面、应力锥内外表面、套管安装锥面。

（2）清洁主绝缘。用电缆清洁纸沿主绝缘向半导电方向一次性擦拭主绝缘，检查表面是否有黑色半导电颗粒，并清除干净。清洁纸不可往复擦拭，防止主绝缘遗留半导电颗粒。

（3）涂硅脂。在前后接头安装配合面、应力锥外表面、套管安装锥面和主绝缘表面均匀涂上硅脂。

（4）安装应力锥。将应力锥以单向不停歇运动方式套入电缆主绝缘，直到应力锥下部抵住定位胶条位置，安装时注意将纤芯包裹，方式划伤应力锥内部（见图1-33）。

3. 压接线芯端子

（1）用压接钳从上至下将接线端子压紧在电缆导体上，压接时注意端子平面方向，要和接线柱的铜平面平行贴合，保证良好接触，防止发热、着火。

（2）端子压接完成后，挫去端子毛刺。120mm² 端子压接两模，120mm² 及以上压接三模。接线端子孔方向朝向插座方向。

4. 安装

（1）将双头螺栓旋入套管。

（2）为避免应力锥下滑，安装时握紧定位下方，将接头以单向不停歇运动装在带有端子及应力锥的电缆上，至端子孔居中。

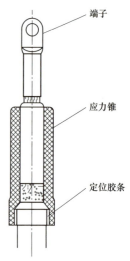

图1-33　安装应力锥

（3）将接头以同样的方式套上套管。

（4）按顺序套入平垫、弹簧垫圈和螺母，再用力矩扳手扳紧螺母。

（5）旋入后堵头，并盖上封帽。

（6）接地线可靠接地。

预制终端安装见图1-34。

五、电缆中间接头附件安装

（一）绕包

中间接头是用于连接两根或两根以上电缆的连接部件，常用于故障抢修以及电缆长度不足的情况。基本原理为在连接的过程中通过对应的材料实现对电缆导体、内半导电层、主绝缘层、外半导电层、屏蔽层、内护套、铠装层、外护套层的复原。常用的中间接头分为热缩中间接头、冷缩中间接头、绕包中间接头,其中绕包式应用范围最广。10kV 绕包式电力电缆中间接头是利用各种软质带材按工艺要求缠绕而成,包括绝缘胶带、半导电胶带、金属屏蔽带、防水胶带等。优点是材料简单,成本较低,适应特殊线径的电缆。缺点是对施工环境、施工工艺要求高,单套电缆附件的制作时间很长。

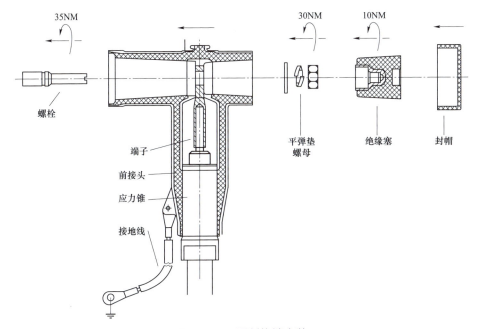

图 1-34 预制终端安装

1. 预处理

绕包式中间接头制作第一步为电缆预处理,预处理分为:① 准备工作;② 护套及铠装层的开剥;③ 剥除屏蔽层;④ 剥除外半导电层;⑤ 剥除绝缘层。第①~④步可参考终端制作过程。

剥除绝缘层按对接端子孔深/2+5mm。在剥切过程中注意不能损伤线芯及保留的绝缘层。将电缆三相线芯分开,确定接头中心位置并锯线。根据产品尺寸说明书,完成主绝缘末端削铅笔头,避免损伤内屏蔽层,并确保铅笔头端口约 5mm 的内屏蔽充分去除主绝缘,控制去除的内屏蔽厚度约 30% 以内,确保 50% 的内屏蔽层不损伤,完成后的铅笔头应同心同圆,坡度一致,切口平整并用 600 目绝缘砂纸将绝缘表面打磨光滑,无棱角、飞边、毛刺。中间接头预处理如图 1-35 所示。

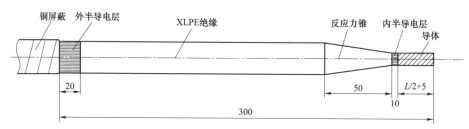

铜屏蔽　外半导电层　　　　　　XLPE绝缘　　　　　　　反应力锥　内半导电层
导体

20　　　　　　　　　　　　　　　　　　　　　50　　　　L/2+5
10
300

图 1-35　中间接头预处理

L—接管长度

2. 附件安装

（1）依次套入铜屏蔽网套。

（2）压接线芯端子。将需要对接的两侧电缆纤芯导体部分进行氧化层处理，打磨、清洗整洁，将清洗好的连接管套入对接的连个纤芯导体端部，从内向外进行对称压接，锉平对接管因压接导致的毛刺，并打磨光滑（见图 1-36）。注意：400mm^{2}电缆采用经切削带侧棱的接管并用圆模围压，400mm^2 以下电缆采用六角模围压。

图 1-36　对接示意图

（3）恢复内半导电。将主绝缘、半导电及对接管表面进行清洁处理，对接管外绕包半导电带，半搭盖一个来回，两端各搭盖半导体 5mm。铜屏蔽口绕包半导电带，半搭盖一个来回，搭铜屏蔽带 5mm、主绝缘 5mm（见图 1-37）。

图 1-37　恢复内半导电

（4）绕包应力带。铜屏蔽口绕包应力控制带，半搭盖一个来回，从半导电带外侧搭盖铜屏蔽带 5mm 开始，绕至主绝缘。

（5）恢复主绝缘。用卡尺测量对接管外径最大值，使用绝缘自粘带，绝缘外径绕包至外径最大值＋16mm，绝缘带搭盖应力控制带两侧铜屏蔽各 5mm，两端应力锥应平滑过渡（见图 1-38）。

（6）恢复外半导电层。半搭盖绕包半导电带一个来回，半导电带搭盖绝缘自粘带外两侧铜屏蔽带 5mm。

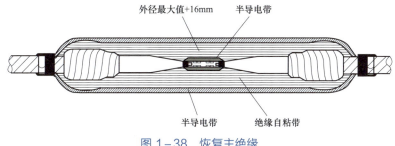

图1-38 恢复主绝缘

（7）恢复铜屏蔽。将铜网套套在整个接头外部并与半导电层表面紧密贴合，两端用恒力弹簧固定，将铜网套的两端反折到恒力弹簧里。用PVC胶带将每相接头外的铜网罩固定三道，并完全覆盖住恒力弹簧及铜屏蔽网的毛边（见图1-39）。

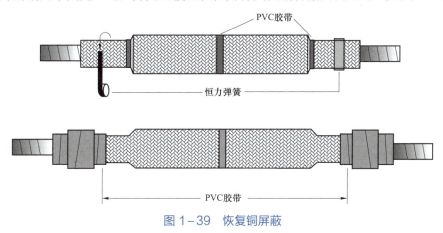

图1-39 恢复铜屏蔽

（8）安装防水带。从距离外护套50mm的铜屏蔽层开始，到另一侧外护套口50mm的铜屏蔽层之间，半搭盖绕包防水带一个来回。同样的方法处理完另外两相后，用宽PVC带将三相接头绑扎在一起。清洁外护套，用120目砂纸将外护套60mm的范围内打毛，从一侧离外护套口60mm处，到另一侧离外护套口60mm之间，半搭盖绕包防水带一层（见图1-40）。

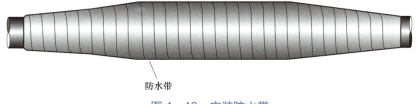

图1-40 安装防水带

（9）铠装恢复。截面积大于150mm²的电缆，在防水带外侧半搭盖绕包铠装带一层作机械保护，安装完成等待30min固化后方可放置在电缆支架上（见图1-41）。

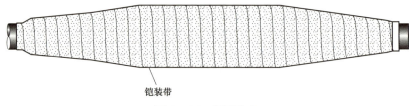

铠装带

图 1-41　铠装恢复

（二）冷缩

冷缩中间接头具有安装便利、用预扩张技术、结构紧凑、性能可靠、良好的疏水性能等优点，以下制作过程尺寸仅作参考，实际操作以附件要求为准。

1. 剥外护套、内护层、铜屏蔽层

（1）将电缆校直，剥外护套，长端剥去 800mm，短端剥去 600mm。

（2）留取 30mm 的钢铠，先用恒力弹簧固定，锯除后端口，锐角用 PVC 带包裹。

（3）留取 50mm 内护层，剥去其余的内护层。

（4）剥铜屏蔽层 $A+50$mm，剥外半导电层长度 A（A 的取值见表 1-13）。

（5）铜屏蔽层断口绕两层半导电带，以防铜屏蔽散开。

（6）在半导电层断口用刀片倒角 30°，用细砂带打磨倒角，使坡度顺利过渡到绝缘层（见图 1-42）。

注意：安装电缆接头前一定要测试电缆。

表 1-13　　　　　　　　　　外 导 电 层 长 度

型号	1 号	2 号	3 号	4 号
适用截面（mm²）	25～50	70～120	150～240	300～400
A（mm）	145～150	155～160	165～170	180～185

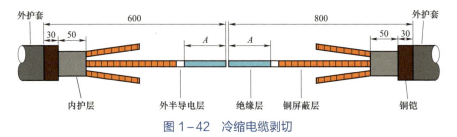

图 1-42　冷缩电缆剥切

2. 套入中间头和铜屏蔽网

（1）按 1/2 连接管长度＋2mm 切除电缆绝缘层，将绝缘层端口倒角 45°，并打磨圆滑。

（2）从开剥较长的一端套入冷缩接头主体，较短的一端套入铜屏蔽网；将准备连接的两端电缆各相分别对齐，相位对准（见图1-43）。

注意：连接管为通孔型，禁止使用堵油型连接管。

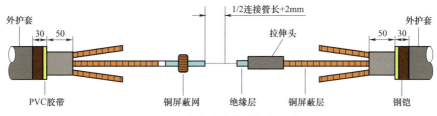

图1-43　套入冷缩接头与铜屏蔽网

3. 压连接接管与内半导电恢复

（1）将线芯表面及连接管内壁的氧化层打磨干净，按规定压接。

（2）在连接管表面缠绕两层半导电带，尽量与绝缘层缠平。

（3）量两绝缘层断口间的距离，找出中心点 D，从中心点 D 向外量 B 的尺寸作为收缩定位标识，且收缩定位标识与半导电层断口距离为 $20\text{mm}\pm5\text{mm}$（B 的取值见表1-14）。

表1-14　　压连接接管与内半导电恢复间距离参照表

型号	1 号	2 号	3 号	4 号
适用截面（mm²）	25～50	70～120	150～240	300～400
B（mm）	175	185	190	207

（4）从中心点分别向一边铜屏蔽量300mm作为校验点①，向另一边铜屏蔽量 $B+100\text{mm}$ 作为校验点②（见图1-44）。

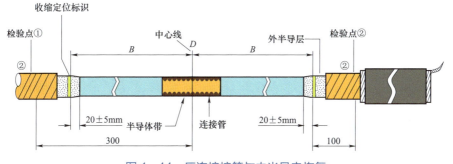

图1-44　压连接接管与内半导电恢复

注意：① 导体连接后，延伸长度不得超过 10mm；② 绝缘层表面不可有导电颗粒；③ 半导带缠绕牢固，不可翘起。

4. 收缩中间接头并严格校核尺寸

（1）清洁绝缘表面，清洁时一定要注意清洁方向，要从绝缘层断口向外半导电层方向清洗，不可来回擦。

（2）在绝缘层表面均匀涂一层硅脂膏，将中间接头移至连接管部位，一端对准收缩定位标识，沿逆时针方向均匀抽掉衬管条使中间接头收缩（中间接头一端与定位标识齐平）。

（3）当中间接头收缩一半时，量中间接头中心标识到校验点① 的距离是否为 300mm，如有偏差尽快用手将它校正过来。

（4）中间接头收缩完后，量中间接头收缩末端口到校验点② 的距离是否为 100mm，如有偏差尽快用手将它校正过来。同样方法收缩另外两相（见图 1-45）。

注意：① 中间接头收缩时，拉撕开的衬管条应尽快抽出中间头，防止缩压在里面；② 必须保证中间头两端搭接外半导电层 20±5mm，否则，用手迅速调整。

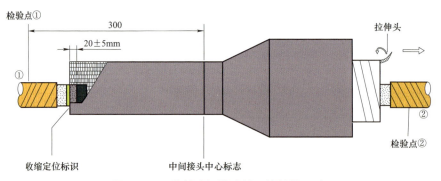

图 1-45 收缩中间接头并严格校核尺寸

5. 安装铜屏蔽网套及地线

（1）先使用少量防水胶带将中间头两端口密封起来做防水处理，然后在装好的中间接头主体外部套好铜网，在铜网外敷一条短的铜编织地线（地线两端要展开）。

（2）用 PVC 带把铜网地线绑扎在接头主体上。

（3）用两只小恒力弹簧固定在铜屏蔽上，铜网两边要露出 10mm 左右。

（4）用 PVC 带将恒力弹簧包裹住。

（5）同样完成另外两相（见图 1-46）。

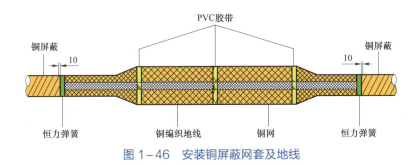

图 1-46 安装铜屏蔽网套及地线

6. 恢复内护套

（1）用切下的填充物填于三相的缝隙之间（不要搭在内护层上），在用 PVC 带将三相电缆简单缠绕一下，最后用透明 PVC 带将三相半重叠式的从图 1-47 所示 A 处缠绕到 B 处（PVC 带要拉伸状态下使用）。

（2）然后从电缆一端的内护层上在拉伸状态下 50%搭接缠绕一层防水胶带至另一边内护套上（见图 1-47）。

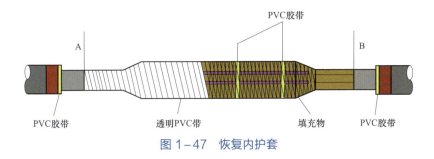

图 1-47 恢复内护套

7. 连接两端地线

（1）将长的那根地线两端展开，将展开的地线贴附在防水胶带上，并和电缆外护套搭接 20mm 左右。

（2）用大的恒力弹簧将地线绕一圈后将露出的地线反折回来再用恒力弹簧缠绕；另一端也如此。

（3）用 PVC 带缠绕，把钢铠及恒力弹簧包裹住（见图 1-48）。

8. 缠绕防水胶带

用防水胶带护套一端（搭接 100mm 左右）半重叠包绕芯线，涂胶一面朝里，缠到电缆另一端外护套，来回缠绕直至将配套的防水胶带全部用完（见图 1-49）。

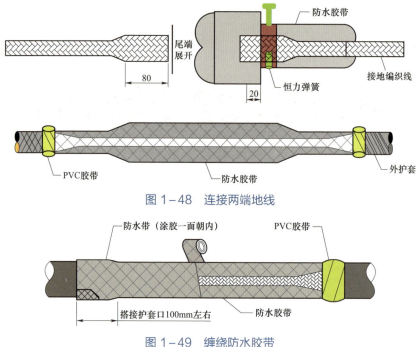

图 1-48 连接两端地线

图 1-49 缠绕防水胶带

9. 安装铠装带

（1）戴上橡胶手套，打开铠装带外包装口（注意：包装打开后的铠装带必须迅速使用，否则将硬化）。

（2）从一端搭接外护套 120mm 半重叠绕包铠装带至另一端，并搭接外护套 120mm；然后回缠，直至将配套的铠装带全部用完，铠装带最后端口用 PVC 胶带临时固定，完成后最好 30min 内不要移动电缆（见图 1-50）。

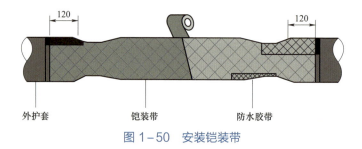

图 1-50 安装铠装带

（三）热熔

1. 电缆预处理

热熔式电缆中间接头电缆预处理可参考绕包中间接头预处理，主绝缘剥切长度可参考熔接器尺寸。

2. 热熔接

（1）依次套入铜屏蔽网罩与冷缩管，可参考冷缩中间接头制作过程。

（2）在剥好铅笔头前 3min，取出配套熔接模具，进行充分加热保温。

（3）按相序对齐电缆，再安装已保温的熔接模具，使电缆端口平齐留 2mm 的缝隙。

（4）先放入焊片，然后倒入焊粉，堆垛略向模口倾斜，与模口平齐，然后再洒上火药，确保有足够火药可以引燃；盖上模盖，先确认现场人员安全与物资防护到位，然后使用点火枪点火。

（5）熔接同时使用冷风机冷却焊模的电缆两端，防止电缆绝缘损伤；等待模具冷却后，拆除模具，等待导体冷却后，打磨导体，无毛刺、尖角与突出，不得损伤铜芯，不得磨小原铜芯。

（6）完成剩余两相熔接，并打磨。

（7）整体打磨好主绝缘和内屏蔽的表面，确认合格无误后，彻底清洁电缆。

3. 内半导电层恢复

使用内半导电带于铜芯中间位置开始向边缠绕，确保半搭盖，左右往返一次缠绕两层，要确保与电缆原内屏蔽搭接充分有效，平面平整一致。

4. 主绝缘恢复

（1）按住已缠好的内半导带头，紧接着用绝缘带按半搭盖开始左右往返缠绕，要确保与绝缘搭接斜坡平齐，缠绕平面平整一致，一直绕至与原主绝缘层的厚度一致齐平（大于本体线径直径 5mm），使用打火机熔粘好绝缘带尾。

（2）把套入缆芯的定型管移至缠绕部位，确保全覆盖，左右分布均匀，定位后抽去支持条，使其包紧缆芯，然后使用铝箔纸缠紧定型管二至三层。然后在其外部包扎加热布，同时插入温控线，包紧后用夹子定位并夹紧。

（3）接好加热线和温控线，开启加热器，按工艺要求设定加热温度（180℃）和时间（10kV50min/30kV120min），检查无误后合上开关进行熔融加热。过程中随时观察加热曲线情况，确保一切无异常；到达规定时间前，确认加热熔融效果，必要时调整加热，要确保充分有效熔融，也不得过加热发生爆管。

（4）完成加热后，即刻关闭加热器，拆除加热布和温控线，使用冷风机进行循环冷却，随后趁热去除铝箔纸，待缆芯温度降至 40℃后用刀开剥去除定型管，小心不得损伤绝缘，然后整体全方位打磨绝缘和两端外屏蔽的表面，最后再彻底清洁电缆。

5. 外半导电层恢复

半搭盖绕包半导电带一个来回，半导电带搭盖绝缘自粘带外两侧铜屏蔽带5mm。

6. 铜屏蔽恢复

（1）使用铜屏蔽网从电缆一端的铜屏蔽搭接处缠绕至另一端，确保 1/2 搭接，均匀缠绕。

（2）完成后安装恒力弹簧紧固铜屏蔽两端的搭接处；然后使用 PVC 胶带将恒力弹簧绕包覆盖。

7. 内护套恢复

（1）打磨两端的内护套搭接处。

（2）使用自粘复合带从电缆一端内护套搭接处开始缠绕至另一端，确保 1/2 搭接，左右往返一次缠绕两层，要确保与电缆原内护套搭接充分有效，平面平整一致。

8. 铠装恢复

使用铠装带从外护套搭接处开始缠绕至另一端，确保 1/2 搭接，左右往返一次缠绕两层，要确保与电缆原外护套搭接充分有效，平面平整一致；按住铠装带尾端使用 PVC 胶带固定。

习 题

1. 简答：试述 10kV 电缆附件制作环境条件有哪些要求及不满足环境要求时的应对措施。

2. 简答：简述 10kV 冷缩中间接头制作工艺流程。

3. 简答：简述 10kV 绕包中间接头制作工艺流程。

第二章

电缆工程验收

电缆工程具有技术要求高、工艺标准严格、隐蔽部分施工缺陷不易发现等特点，防止电缆工程带缺陷投运，确保电缆工程按照设计要求施工，对后期电缆设备健康运行十分重要。本章详细讲述了电缆工程的施工验收流程和相关标准，重点讲述了电缆及附件到货验收标准，电缆施放及中间接头、终端头制作安装技术要点，电缆隐蔽工程验收项目类别和标准，以及电缆投运后相关资料收集要求等内容。

第一节 电缆及附件到货验收

📋 学习目标

1. 掌握电缆和附件到货验收总体要求
2. 掌握电缆和附件到货现场验收要点

📋 知识点

一、到货验收总体要求

（1）设备到货后，运检单位应参与现场物资验收。

（2）重点检查设备外观、设备参数是否符合技术标准和现场运行条件。检查设备合格证、试验报告、专用工器具、设备安装与操作说明书、设备运行检修手册等是否齐全。

（3）对于首次中标的电力电缆敷设单位或附件厂家，运检单位应加强对厂家关键工艺的场监督和质量把控，明确具体考核关键点和需提供的技术资料。

（4）每批次电力电缆应提供抽样试验报告。

二、电缆的现场检查验收

（1）按照施工设计和订货合同，电缆的规格、型号和数量应相符；电缆的产品说明书、检验合格证应齐全。电缆盘及电缆应完好无损（见图 2-1），电缆端部应密封严密牢固（见图 2-2）。三芯的配电电缆端部一般使用热缩套密封。

图 2-1　电缆盘外观

图 2-2　电缆端部牵引头

（2）摇测电缆外护套绝缘（见图 2-3）。凡有聚氯乙烯或聚乙烯护套且护套外有石墨层的电缆，一般应用 2500V 绝缘电阻表测量绝缘电阻，绝缘电阻应符合要求。

1）橡塑电缆外护套、内衬套的测量宜采用 1000V 兆欧表。

2）橡塑电缆外护套、内衬套的绝缘电阻不低于 0.5MΩ/km。

3）聚乙烯护套且护套外有石墨层的电缆一般为 110kV 及以上的电力电缆。

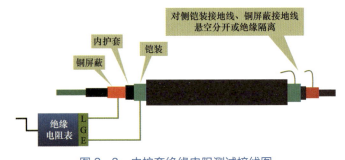

图 2-3　内护套绝缘电阻测试接线图

（3）电缆盘上盘号，制造厂名称，电缆型号、额定电压、芯数及标称截面，装盘长度，毛重，电缆盘正确旋转方向的箭头，标注标记和生产日期应齐全清晰（见图2-4和图2-5）。

图2-4 电缆盘参数　　　　　　　图2-5 电缆盘规格

三、电缆附件的现场检查验收

（1）按照施工设计和订货合同，电缆附件的产品说明书、检验合格证、安装图纸应齐全。电缆附件应齐全、完好，型号、规格应与电缆类型（如电压、芯数、截面、护层结构）和环境要求一致，终端外绝缘应符合污秽等级要求（见图2-6）。

（2）绝缘材料的防潮包装及密封应良好（见图2-7），绝缘材料不得受潮。

图2-6 电缆附件、合格证、安装图纸　　　图2-7 附件防潮密封

（3）橡胶预制件及热缩材料的内、外表面光滑（见图2-8），没有因材质或

工艺不良引起的肉眼可见的斑痕、凹坑、裂纹等缺陷。

（4）导体连接杆和导体连接管表面应光滑、清洁，无损伤和毛刺（见图2-9）。

图2-8　附件内、外壁光滑　　　　　图2-9　铜接管

（5）附件的密封金具应具有良好的组装密封性和配合性，不应有组装后造成泄漏的缺陷，如划伤、凹痕等（见图2-10）。一般在油纸电缆、热缩附件或110kV及以上电缆中使用。

（6）橡胶绝缘与半导电屏蔽的界面应结合良好，应无裂纹和剥离现象。半导电屏蔽应无明显杂质。

（7）环氧预制件和环氧套管内外表面应光滑，无明显杂质、气孔；绝缘与预埋金属嵌件结合良好，无裂纹、变形等异常情况。一般在油纸电缆或110kV及以上电缆中使用。

图2-10　110kV电缆底座

四、验收依据标准

《电气装置安装工程　电缆线路施工及验收标准》（GB 50168—2018）

《额定电压1kV（U_m=1.2kV）到35kV（U_m=40.5kV）挤包绝缘电力电缆及附件》系列（GB/T 12706—2020）

《建筑电气工程施工质量验收规范》（GB 50303—2015）

习　题

简答：请简述电缆现场检验验收的内容？

第二节 电缆首件验收

学习目标

1. 明确电缆工程首件验收的制度
2. 掌握电缆工程首件验收要求
3. 掌握回弹仪的使用方法

知识点

一、基本概念

1. 首件

首件是指每个班次刚开始时或过程发生改变（如人员的变动、换料及换工装、机床的调整、工装刀具的调换修磨等）后加工的第一或前几件产品。对于大批量生产，首件往往是指一定数量的样品。

2. 首件验收

首件验收是指对每个班次刚开始时或过程发生改变（如人员的变动、换料及换工装、机床的调整、工装刀具的调换修磨等）后加工的第一或前几件产品进行的验收。一般要检验连续生产的3～5件产品，合格后方可继续加工后续产品。

3. 首件检验的目的

在设备或制造工序发生任何变化，以及每个工作班次开始加工前，都要严格进行首件验收。首件验收是为了尽早发现生产过程中影响产品质量的因素，预防批量性的不良或报废。首件验收合格后方可进入正式生产，主要是防止批量不合格品的发生。长期实践经验证明，首件验收制是一项尽早发现问题、防止产品成批报废的有效措施。通过首件验收，可以发现诸如工夹具严重磨损或安装定位错误、测量仪器精度变差、看错图纸、投料或配方错误等系统性原因存在，从而采取纠正或改进措施，以防止批次性不合格品发生。

4. 首件验收制度

首件验收分自检、互检及专检三个阶段。

5. 电缆工程首件验收

电缆工程首件验收是指为保证电缆线路投运时的状态健康，提高电缆线路投运时的健康水平，对电缆土建、电缆敷设、电缆附件、附属设施开展首件验收。

电缆工程交接验收前，必须完成所有单元的首件验收。采集完成电缆隧道、工作井、管口、终端塔（间隔）、电缆终端、电缆接头布置及其他需要采集的照片，采集通道和设备的摄像资料。

电缆工程首件验收的自检、互检及专检三个阶段都必须填写验收记录单，并做好整改记录。

（1）自检验收由现场施工操作人员进行，并填写验收记录单。自检验收整改结束后，向本单位施工部门提交工程验收申请。

（2）互检验收由施工部门自行组织进行，并填写验收记录单。互检验收整改结束后，向本单位质量管理部门提交工程验收申请。

（3）专检验收由施工单位的上级工程质量监督站组织进行，对工程质量予以等级评定。在验收中个别不完善项目必须限期整改，由施工单位质量管理部门负责复验并做好记录。

首件验收报告的内容主要分工程概况说明和首件验收评价。

（1）工程概况说明。内容包括工程名称、起讫地点、首件施工开竣工日期以及电缆型号、长度、敷设方式、接头型号、数量、接地方式、信号装置布置和工程设计、施工、监理、建设单位名称等。

（2）首件验收评价。验收部门应根据有关国家标准和企业标准制定验收标准，对照验收标准对电缆首件工程质量作出评价，对每个首件进行评分。成绩分为优、良、及格、不及格四种，所有首件验收项目均符合验收标准要求者为优；所有主要首件验收项目均符合验收标准，个别次要首件验收项目未达到验收标准，不影响设备正常运行者为良；个别主要首件验收项目不合格，不影响设备安全运行者为及格；多数主要首件验收项目不符合验收标准，将影响设备正常安全运行者为不及格。

二、电缆工程首件验收项目要点

（一）土建施工验收

1. 基槽开挖

（1）验灰线（设计交桩）（见图 2-11）。

工艺标准：路径与规划设计路径相符。

验收要点：与规划设计图纸路径相符。

（2）基槽开挖施工（见图2-12）。

工艺标准：① 基槽的中心线及走向符合设计要求；② 基槽底部施工面宽度应考虑便于支模及设置基坑支护等工作；③ 开挖时基槽侧部土地稳定；④ 基槽开挖不对下面地基产生扰动，基面平整、夯实。

验收要点：① 做好基槽降水工作，以防止坑壁受水浸泡造成塌方；② 开挖深度小于3m的沟槽可采用横列板支护；③ 开挖深度3～5m的沟槽宜采用钢板桩支护；④ 若有地下水或流砂等不利地质条件，应采取必要的处理措施。

图2-11　土建施工验灰线

图2-12　基槽开挖施工

2. 底板布筋

构造柱与基础梁的连结如图2-13所示。

工艺标准：① 混凝土的强度等级符合设计要求，宜采用商品混凝土；② 混凝土浇筑后应平整表面并采取适当的养护措施，保证本体混凝土强度正常增长；③ 混凝土结构的抗渗等级应符合设计。

验收要点：① 混凝土应分层浇筑，振捣密实，并检查模板、垫块、管材等有无移位；② 混凝土浇筑完毕后应加强养护，当混凝土达到设计强度的75%后方可拆除模板。

3. 电缆排管

（1）排管（见图2-14）。

工艺标准：① 排管应采用非磁性材料并符合环保要求，钢筋混凝土包封结构须与设计图纸相符；② 排管通道所选用的排管内径 D 宜大于 $1.5d$（d 为电缆外径）并不宜小于 150mm；③ 同一段排管通道排管内径不宜多于 2 种。

验收要点：① 管路应置于经整平夯实的基础上；② 管路纵向连接外的弯曲度，应符合牵引电缆时不致损伤的要求；③ 管孔端口应有防止损伤电缆的处理；④ 管子接口应装有密封橡胶圈或焊接；⑤ 管路下面应有管枕或采取其他防移动措施。

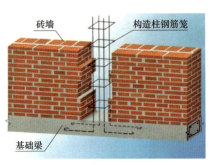

图 2-13　构造柱与基础梁的连结　　图 2-14　电缆排管施工工艺

（2）管枕间距（见图 2-15）。

工艺标准：① 排管应安装牢固，固定点应符合设计要求，设计无要求时管枕间距不宜超过 3m；② 对于非金属管材，管枕间距不得超过 2m。

验收要点：① 无防腐措施的金属管应做防腐处理；② 硬质塑料排管在套接或插接时，其插接深度宜为管子内径的 1.1～1.8 倍，套接时应采取密封措施。

（3）布筋（见图 2-16）。

工艺标准：① 钢筋的绑扎应均匀、可靠，确保在混凝土振捣时钢筋不会松散、移位；② 绑扎的铁丝不应露出混凝土本体；③ 按设计图纸绑扎钢筋。

图 2-15　管枕施工安装

验收要点：① 绑扎的铁丝头应向内弯；② 浇筑伸缩缝或竖向施工缝前，应凿除结合部的松动混凝土或石子，清除钢筋表面锈蚀部分；③ 水平伸缩缝处宜采用 3mm×400mm 的钢板止水带。

（4）立模（见图 2-17）。

工艺标准：① 模板应平整、表面应清洁、并具有一定的强度；② 支模中应确保模板的水平度和垂直度；③ 模板的拼接、支撑应严密、可靠，确保振捣中不走模、不漏浆。

验收要点：模板与混凝土接触表面应涂抹脱模剂，不得粘污钢筋和混凝土。

图 2-16 电缆通道钢筋布置　　图 2-17 电缆通道浇筑前立模

（5）浇筑（见图 2-18）。

工艺标准：① 混凝土的强度等级不应低于 C25，宜采用商品混凝土；② 混凝土浇筑后应平整表面并采取适当的养护措施，保证本体混凝土强度正常增长；③ 混凝土结构的抗渗等级应不小于 S6。

验收要点：① 混凝土应分层浇筑，振捣密实，并检查模板、垫块、管材等有无移位；② 混凝土浇筑完毕后应加强养护，当混凝土达到设计强度的 75% 后方可拆除模板。

4. 电缆井、电缆沟

（1）底板（见图 2-19）。

工艺标准：① 底板材料宜采用混凝土；若采用其他材料，应根据工程实际情况合理选取并满足强度及工艺的相关要求；② 若有地下水应采取适当的处理措施，在底板混凝土浇筑时应保证无水施工；③ 底板混凝土的强度等级不应低于 C10。

验收要点：① 应确保底板下的地基稳定且已夯实、平整；② 底板混凝土应密实，上表面应平整。

图 2-18 电缆通道浇筑振捣　　图 2-19 电缆土建基础底板施工

（2）布筋（见图 2-20）。

工艺标准：① 钢筋的绑扎应均匀、可靠，确保在混凝土振捣时钢筋不会松散、移位；② 绑扎的铁丝不应露出混凝土本体；③ 用于单芯电缆敷设的排管钢筋应避免形成闭合回路；④ 预埋件的允许安装偏差为中心线位移 10mm，埋入深度偏差 5mm，垂直度偏差 5mm；⑤ 按设计图纸绑扎钢筋。

验收要点：① 绑扎的铁丝头应向内弯；② 浇筑伸缩缝或竖向施工缝前，应凿除结合部的松动混凝土或石子，清除钢筋表面锈蚀部分；③ 水平伸缩缝处宜采用 3mm×400mm 的钢板止水带。

（3）立模（见图 2-21）。

工艺标准：① 模板应平整，表面应清洁，并具有一定的强度；② 支模中应确保模板的水平度和垂直度；③ 模板的拼接、支撑应严密、可靠，确保振捣中不走模、不漏浆。

验收要点：模板与混凝土接触表面应涂抹脱模剂，不得粘污钢筋和混凝土。

图 2-20 电缆沟井钢筋布置工艺

图 2-21 电缆沟井立模浇筑

（二）电气验收

1. 电缆

（1）放缆前电缆检查（见图 2-22）。

工艺标准：电缆盘外观完整，外护层试验要求按电缆出厂技术参数执行。

验收要点：外护套试验要反映试验现场及试验数据图片。

（2）电缆敷设（见图 2-23）。

工艺标准：敷设需要满足审定的施工方案。

验收要点：① 每盘电缆盘装卸照片；② 每根电缆进出电缆构筑物；③ 每根电缆进出管孔、孔洞；④ 所有弯道、高落差。

图 2-22 电缆盘施工前检查　　图 2-23 电缆敷设准备工作

（3）电缆固定及封堵（见图2-24）。

工艺标准：符合设计图纸及审定的施工方案。

验收要点：① 电缆在支架上的固定夹具；② 每处管孔、孔洞封堵。

（4）电缆直埋敷设（见图2-25）。

工艺标准：① 为识别电缆走向，宜沿电缆敷设路径设置电缆标识；② 电缆穿越城市交通道路和铁路路轨时应采取保护措施；③ 电缆排列整齐，弯度一致电缆同路径顺行敷设时电缆在转弯处不应出现交叉；④ 电缆在敷设过程中无机械损伤。直埋电缆接头盒外应有防止机械损伤的保护盒（环氧树脂接头盒除外）。

验收要点：① 电缆敷设前，在线盘处、转角处使用专用转弯机具，电缆盘应有刹车装置；② 在可能造成电缆损伤处应采取保护措施，有专人监护并保持通信畅通；③ 电缆转弯处最小弯曲半径要符合验收规范要求，电缆敷设允许最低温度符合厂家要求，厂家无要求时，应符合验收规范要求；④ 电缆敷设时，控制转弯处的侧压力符合厂家规定，无规定时，不应大于 3kN/m。

图 2-24 电缆固定及封堵工艺　　图 2-25 电缆直埋敷设施工工艺

（5）电缆排管敷设（见图2-26）。

工艺标准：① 排管通道所选用的排管内径 D（mm）宜大于 $1.5d$（电缆外径，

mm）并不宜小于 150mm；② 电缆敷设时，电缆所受的牵引力、侧压力和弯曲半径应根据不同电缆的要求控制在允许范围内，侧压力无规定时不应 3kN/m。

验收要点：① 敷设电缆前，对排管进行双向疏通，清除排管内壁的尖刺和杂物，防止敷设时损伤电缆；② 电缆敷设前，在线盘处、转角处使用专用转弯机具，电缆盘应有刹车装置；③ 电缆敷设后，按设计要求将工井内的电缆固定在电缆支架上，并将排管口封堵好；④ 在可能造成电缆损伤处应采取保护措施，有专人监护并保持通信畅通。

（6）电缆隧道/电缆沟敷设（见图 2-27）。

工艺标准：① 电缆应排列整齐，走向合理，不应交叉；② 电缆敷设时，电缆所受的牵引力、侧压力和弯曲半径应符合验收规范要求；③ 在可能造成电缆损伤的地方应采取可靠地保护措施；④ 有专人监护并保持通信畅通。

验收要点：① 电缆敷设前，在线盘处、转角处使用专用转弯机具，电缆盘应有刹车装置；② 电缆敷设后，应根据设计要求将电缆固定在支架上，如采用蛇形敷设应按照设计规定的蛇形节距和幅度进行固定。

图 2-26　电缆排管敷设施工工艺　　图 2-27　电缆沟/隧道敷设施工工艺

2. 附属设施

支架焊接见图 2-28。

工艺标准：① 支架必须具有足够的机械强度，能支撑电缆的全部荷重和安装维修临时附加的负载，并留有一定的安全裕度；② 终端支架必须坚固耐用，符合工程防火和防腐蚀要求，必须与接地网可靠连接；③ 单芯电缆的支架不得构成铁磁回路。

验收要点：① 支架安装与设计相符，横平竖直，无显著扭曲，切口无卷边、毛刺；② 焊缝应满焊且焊缝高度应满足设计要求，焊接牢固、焊渣打磨；③ 相关构件在焊接和安装后应进行相应的防腐处理；④ 支架应用接地扁铁环通，其规格应符合设计要求。

图 2-28　电缆支架施工安装工艺

技能操作

回弹仪混凝土强度首件验收介绍如下：

1. 操作方法

第一阶段：回弹法检测混凝土抗压强度。实验前准备好混凝土试件，即混凝土立方体试件 3 个，几何尺寸为 150mm×150mm×150mm；混凝土立方体试件内部不得有缺陷；实验时混凝土试件的龄期应大于 28 天。

（1）熟悉回弹仪的结构，掌握其使用方法。

（2）用尺测量混凝土立方体试件侧面的长度和宽度，计算试件侧面的面积 A。

（3）将混凝土立方体试件的一对侧面置于材料试验机的承压板间，加压 40kN。

（4）在恒压的条件下，用回弹仪对试件另外两个侧面进行回弹。回弹时在每个侧面分别均匀选择 8 个测点，测量并记录混凝土试件的回弹值。使用回弹仪测量混凝土回弹值时，回弹仪应处于水平位置，弹杆应垂直于测试表面。

（5）将测得的 16 个回弹值，舍去 3 个最大值和 3 个最小值。利用余下的 10 个中间值，计算的混凝土立方体试件回弹测试平均值。

（6）利用测强公式，换算混凝土试件的立方体抗压强度值；由计算获得的 3 个立方体抗压强度值的最小换算值，确定测试混凝土的立方体抗压强度值。

第二阶段：超声—回弹综合法检测混凝土强度。

（1）在每个混凝土试件上选取 3 对超声测点。

（2）分别测量 3 对测点的声速值。

（3）取 3 个测点声速的平均值作为该试件的混凝土中声速代表值。

（4）利用测强公式，换算混凝土（粗骨料为碎石）试件的立方体抗压强度值；由计算获得的 3 个立方体抗压强度值的最小换算值，确定测试混凝土的立方体抗压强度值。

第三阶段：

（1）回弹测试结束后，将试件在材料试验机中进行加载，测量混凝土立方体试件的破坏荷载 F。

（2）计算混凝土试件的立方体抗压强度。

（3）以三个试件测值的算术平均值作为该组试件的强度值（精确至 0.1MPa）。

（4）三个测值中的最大值或最小值中，如有一个与中间值的差值超过中间值的 15%时，则把最大及最小值一并舍除，取中间值作为该组试件的抗压强度值。

（5）如最大值和最小值与中间值的差均超过中间值的 15%，则该组试件的试验结果无效。

2. 数据处理

将测试结果及计算结果写在实验报告书上。

习　题

1. 简答：简述首件验收的意义。
2. 简答：管枕间距首件验收工艺标准及验收要点。
3. 简答：支架焊接首件验收标准及验收要点。

第三节　电缆转序、过程验收

学习目标

1. 掌握各类电缆敷设方式相应的验收要点
2. 掌握电缆本体敷设相关验收要点
3. 掌握电缆中间接头、电缆终端头的施工工艺要求及相应验收要点
4. 掌握电缆附属设备验收要点

知识点

电缆工程中存在较多的隐蔽施工工程，为了更好的把控电缆工程质量，电缆转序、中间验收显得尤为关键。

一、各类电缆敷设方式分类及验收要点

根据电缆敷设特点、敷设作业方式不同，在电缆工程中一般采用直埋、排管、拉管、顶管、电缆沟、隧道等敷设方式，针对上述不同的敷设方式，验收中需注意不同的验收要点。

1. 直埋敷设验收要点

（1）直埋敷设验收时，要求将电缆敷设于地下壕沟中，沿电缆全长的上、下、侧面，应铺以厚度不小于100mm的软土或砂层、电缆全线应覆盖保护板，宽度不小于电缆两侧各50mm。直埋电缆一般选用铠装电缆。电缆表面距离地表不小于 0.7m。电缆中间接头盒外面应有防止机械损伤的保护盒。电缆线路全线每隔一段距离要设置电缆标识牌。

（2）直埋敷设的电缆与铁路、公路或街道交叉时，应穿保护管，保护范围应超出路基、街道路两边以及排水沟边 0.5m 以上。

（3）直埋电缆回填土前，应经隐蔽工程验收合格，并分层夯实。

2. 排管、拉管、顶管敷设验收要点

（1）排管、拉管、顶管敷设验收时，要求电缆内径应不小于电缆外径的1.5倍，且最小不宜小于 100mm。管子内部光滑，排管应成直线承接良好，管孔应对准并进行密封，不得有地下水和泥浆深入。管子接头相互之间必须错开。

（2）为了便于检查和敷设电缆，埋设的电缆管其直线段每隔 30m 距离的地方以及在转弯和分支的地方设置电缆人孔井，人孔井的深度应不小于 1.8m，大小应满足施工和运行要求。

（3）管孔数应按发展预留适当备用。

（4）电缆芯工作温度相差较大的电缆，宜分别置于适当间距的不同排管组。

（5）管内部应无积水，且无杂物堵塞。穿电缆时，不得损伤护层，可采用无腐蚀性的润滑剂。

（6）管路纵向连接处的弯曲度，应符合牵引电缆时不致损伤的要求。

（7）管孔端口应有防止损伤电缆的处理，管口应作封堵处理。

3. 电缆沟敷设验收要点

电缆沟采用钢筋混凝土或砖砌结构，用预制钢筋混凝土或钢制盖板覆盖，盖板顶面与地面相平。电缆可直接放在沟底或电缆支架上。

（1）电缆沟的内净距尺寸应根据电缆的外径和总计电缆条数决定。电缆沟内最小允许距离应符合表 2-1 的规定。

表 2-1 电缆沟内最小允许距离

项目		最小允许距离（mm）
通道高度	两侧有电缆支架时	500
	单侧有电缆支架时	450
电力电缆之间的水平净距		不小于电缆外径
电缆支架的层间净距	电缆为 10kV 及以下	200
	电缆为 20kV 及以下	250
	电缆在防火槽盒内	1.6×槽盒高度

（2）电缆沟盖板必须满足道路承载要求。钢筋混凝土盖板应有角钢或槽钢包边。电缆沟的齿口也应有角钢保护。盖板的尺寸应与齿口相吻合，不宜有过大间隙。盖板和齿口的角钢或槽钢要除锈后刷红丹漆二遍，黑色或灰色漆一遍。

（3）为保持电缆沟干燥，应适当采取防止地下水流入沟内的措施。在电缆沟底设不小于 0.5% 的排水坡度，在沟内设置适当数量的积水坑。

（4）充砂电缆沟内，电缆平行敷设在沟中，电缆间净距不小于 35mm，层间净距不小于 100mm，中间填满砂子。

（5）敷设在普通电缆沟内的电缆，为防火需要，应采用裸铠装或阻燃性外护套的电缆。

（6）电缆线路上如有接头，为防止接头故障时殃及邻近电缆，可将接头用防火保护盒保护或采取其他防火措施。

（7）电力电缆和控制电缆应分别安装在沟的两边支架上。若不能时，则应将电力电缆安置在控制电缆之下的支架上，高电压等级的电缆宜敷设在低电压等级电缆的下方。

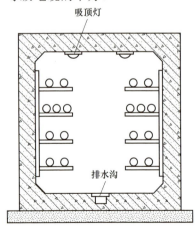

图 2-29 隧道敷设断面示意图

4. 隧道敷设验收要点

容纳电缆数量较多、有供安装和巡视的通道、全封闭的电缆构筑物为电缆隧道。将电缆敷设于预先建设好的隧道中的安装方法，称为电缆隧道敷设。隧道敷设断面示意图如 2-29 所示。

（1）电缆隧道一般为钢筋混凝土结构，也可采用砖砌或钢管结构，可视当地的土质条件和地下水位高低而定。一般隧道高度为 1.9～2m，宽度为 1.8～2.2m。

（2）电缆隧道两侧应架设用于放置固定

电缆的支架。电力电缆与控制电缆应分别安装在隧道的两侧支架上，如果条件不允许时，则控制电缆应该放在电力电缆的上面。

（3）深度较浅的电缆隧道应至少有两个以上的人孔，长距离一般每隔100～200m应设一人孔，设置人孔时，应综合考虑电缆施工敷设，在敷设电缆的地点设置两个人孔，一个用于电缆进入，另一个人员进出。近人孔处装设进出风口，在出风口处装设强迫排风装置；深度较深的电缆隧道，两端进出口一般与竖井相连接，并通常使用强迫排风管道装置进行通风。

（4）在电缆隧道内设置适当数量的积水坑，一般每隔50m左右设积水坑一个，使水及时排出。隧道内应有良好的电气照明设施，排水装置，并采用自然通风和机械通风相结合的通风方式。隧道内还应具有烟雾报警、自动灭火、灭火箱、消防栓等消防设备。

（5）电缆隧道内应装设贯通全长的连续的接地线，所有电缆金属支架应与接地线连通。电缆的金属护套、铠装除有绝缘要求（如单芯电缆）以外，应全部相互连接并接地，这是为了避免电缆金属护套或铠装与金属支架间产生电位差，从而发生交流腐蚀。

二、电缆本体敷设验收要点

电缆本体敷设时，应按电缆工程施工现场实际情况确认牵引设备合理，被牵引电缆的最大长度和最小弯曲半径符合要求，各电缆排列符合规范，固定良好。

1. 牵引力要求

当用钢丝网套以电缆导体允许的牵引力牵引塑料电缆时：如无金属护套，则牵引力作用在塑料护套和绝缘层上；有金属套式铠装电缆时，牵引力作用在塑料护套和金属套式铠装上。用机械敷设电缆时的最大牵引强度宜符合表2-2的规定，充油电缆总拉力不应超过27kN。

表2-2　　　　　　　　　　电缆最大许牵引强度　　　　　　　　　　（N/mm²）

牵引方式	牵引头		钢丝网套			
受力部位	铜芯	铝芯	铅套	铝套	皱纹铝护套	塑料护套
允许牵引强度	70	40	10	40	20	7

2. 电缆弯曲半径要求

电缆在制造、运输和敷设安装施工中总要受到弯曲，弯曲时电缆外侧被拉伸，内侧被挤压，故验收中需尤其重视对电缆弯曲半径的核验。由于电缆材料和结构特性的原因，电缆能够承受弯曲，但有一定的限度。过度的弯曲容易对电缆的绝缘层和护套造成损伤，甚至破坏电缆，因此规定电缆的最小弯曲半径应满足电缆供货商的技术规定数据。

3. 电缆的排列要求

（1）同一通道同侧多层支架敷设。同一通道内电缆数量较多时，若在同一侧的多层支架上敷设，应符合下列规定：

1）应按电缆等级由高至低的电力电缆、强电至弱电的控制和信号电缆、通信电缆由上而下的顺序排列。

2）当水平通道中含有 35kV 以上高压电缆，或为满足引入柜盘的电缆符合允许弯曲半径要求时，宜按由下而上的顺序排列。

3）在同一工程中或电缆通道延伸于不同工程的情况，均应按相同的上下排列顺序配置。

4）支架层数受到通道空间限制时，35kV 及以下的相邻电压等级电力电缆，可排列于同一层支架上；1kV 及以下电力电缆，可与强电控制和信号电缆配置在同一层支架上。

5）同一重要回路的工作与备用电缆实行耐火分隔时，应配置在不同层的支架上。

（2）同层支架电缆配置。同一层支架上电缆排列的配置，宜符合下列规定：

1）控制和信号电缆可紧靠或多层叠置。

2）除交流系统用单芯电力电缆的同一回路可采取正三角形配置外，对重要的同一回路多根电力电缆，不宜叠置。

3）除交流系统用单芯电缆情况外，电力电缆的相互间宜有不小于 0.1m 的空隙。

三、电缆中间接头、电缆终端头验收要点

1. 作业环境要求

户外作业避免雨、雾、大风及湿度超过 70%的天气。紧急故障处理，在做好防护措施基础上，需经过上级主管领导批准后，方可作业。尘土及灰尘污染区域，需搭盖临时帐篷。环境温度低于 0℃时，制作中间接头及终端头前需对电缆进行预热处理。

2. 工艺质量验收重点

配电电缆中间接头与终端头均属于电缆隐蔽施工工程。在其重点工序及工艺制作时，应采取旁站监督方式，确保现场中间接头及终端头按照设计图纸尺寸及要求工艺标准进行制作，避免应工艺问题造成后续的运行故障。

（1）中间接头电缆预处理验收（见图2-30）。

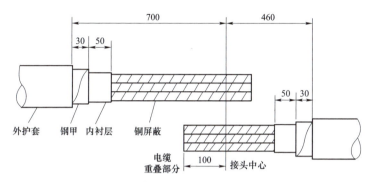

图2-30 10kV冷缩式电力电缆中间接头剥切尺寸图

1）检查剥切外护套的断口平整，断口下方用砂纸打磨干净。

2）检查剥除铠装层未伤及内护套，确认绑线与铠装缠绕方向一致。

3）检查剥除内护套未伤及金属屏蔽层。

4）检查剥除铜屏蔽层及外半导电层断口平整，剥除干净，未对绝缘层造成损伤。

5）检查电缆线芯尺寸与图纸接头尺寸一致无误。

（2）中间接头安装验收（见图2-31）。

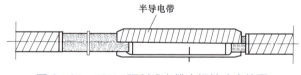

图2-31 10kV预制式电缆中间接头定位图

1）检查压接连接管表面无棱角和毛刺。

2）检查绝缘带绕包紧密和平整，绕包厚度符合要求。

3）检查电缆线芯绝缘及外半导电屏蔽层清洁干净。

4）检查内绝缘管、外绝缘管、屏蔽管收缩完好，局部无高温绝缘碳化和管材损坏现场（10kV热缩式中间接头要求）。

5）检查绝缘及屏蔽层表面清洁干净，方可推入硅橡胶预制体（10kV预制式中间接头要求）。

6）检查绕包密封防水紧密。

7）检查外护套防水绕包两层铠装带（10kV 冷缩式中间接头要求）。

8）检查铜屏蔽由铜扎线扎紧焊牢。

9）检查金属护套固定牢固。

（3）终端头电缆预处理验收（见图 2-32）。

1）检查剥除外护套后电缆铠装层铠装无松散。

2）检查剥除铠装层未伤及内护套，确认绑线与铠装缠绕方向一致。

3）检查剥除内护套未伤及金属屏蔽层。

（4）终端头接地情况验收（见图 2-33）。

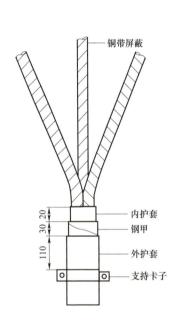

图 2-32　10kV 热缩式电力
电缆终端头剥切尺寸图

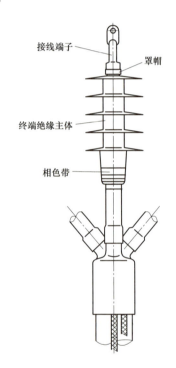

图 2-33　10kV XLPE 电缆
冷缩式终端头结构图

1）检查接地线有防潮段，接地编织带固定牢固。

2）检查电缆断口绕包密封胶紧密。

（5）终端头的安装验收。

1）检查热缩分支手套加热均匀，密封胶密封完好（10kV 热缩式终端要求）。

2）检查冷缩分支手套压紧到位，不存在缝隙（10kV 冷缩式终端要求）。

3）检查剥除铜屏蔽未伤及外半导电层。

4）检查外半导电层端口平齐，与绝缘层过渡良好。

5）检查终端与冷缩套管搭界处有加强密封措施（10kV 冷缩式终端要求）。

6）检查热缩应力管及热缩绝缘管收缩均匀自然（10kV 热缩式终端要求）。

7）检查终端套管安装到位（10kV 预制式终端要求）。

8）检查压接接线端子表面无尖端和毛刺。

9）检查肘型插头安装良好（10kV 预制式肘型终端要求）。

10）检查压接接地与地网连接良好。

四、电缆附属设备验收要求

1. 避雷器验收要求

（1）现场制作件应符合设计要求。

（2）避雷器应密封良好，外表应完整无缺损。

（3）避雷器应安装牢固，其垂直度应符合要求。

（4）产品有压力检测要求时，压力检测应合格。

2. 电缆支架验收要求

（1）支架外观无显著扭曲，切口无卷边。

（2）电缆支架焊接牢固。

（3）其预埋件布置符合设计要求，固定牢固。

（4）蛇形敷设应符合设计要求。

3. 电缆防火验收要求

（1）在电力电缆接头两侧及相邻电缆 2～3m 长的区段施加防火涂料或防火包带。必要时采用高强度防爆耐火槽盒进行封闭。电缆防火槽盒应符合设计要求，槽盒内金具安装牢固，间距符合设计要求，端部应采用防火材料封堵，密封完好。

（2）电缆防火涂料应按一定浓度稀释，搅拌均匀，厚度和长度应符合设计要求，无漏刷。

（3）在电缆穿过竖井、变电站夹层、墙壁、楼板或进入电气盘、柜体的孔洞处，应做防火封堵。在封堵电缆孔洞时，封堵应严实可靠，不应有明显的裂缝和可见的缝隙，孔洞较大者应加耐火衬板后进行封堵。

（4）在重要的电缆沟和隧道中，按设计要求分段或用软质耐火材料设置阻火墙。

（5）防火带应半搭盖绕包平整，无明显突起。

（6）其他防火措施应符合设计书及装置图要求。

五、不规范施工图例

不规范施工图例见图 2-34～图 2-40。

图 2-34　排管未制模无混凝土保护层

图 2-35　井壁未扎设钢筋底板
无混凝土垫层

图 2-36　钢筋配置不规范间距过大

图 2-37　通道无底板

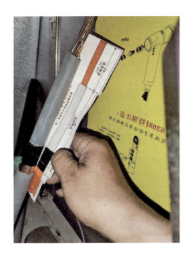

图2-38　电缆预处理尺寸不对

图2-39　电缆主绝缘刀伤明显

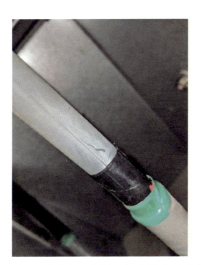

图2-40　电缆缆外半导电端口与绝缘未形成圆滑过渡

习　题

1. 简答：电缆敷设方式常见的有几种？

2. 简答：电缆本体敷设验收过程中，有哪些需要注意的？

3. 简答：10kV 热缩式电力电缆终端接头验收时，要注意对其哪些工艺水平进行检查？

第四节 电缆工程竣工验收

1. 熟悉电缆工程验收制度和方法
2. 掌握电缆土建竣工验收的内容、方法、标准、技术要求
3. 掌握电缆敷设、电缆接头和终端工程、附属设备验收及调试的内容、方法、标准和技术要求

电缆工程属于隐蔽工程，其验收应贯穿于施工全过程中。为保证电缆线路工程质量，运行部门必须严格按照验收标准对新建电缆线路进行全过程监控和投运前竣工验收。

一、电缆工程验收制度

电缆工程验收分自验收、预验收、过程验收、竣工验收四个阶段，每个阶段都必须填写验收记录单，并做好整改记录。

（1）自验收由施工部门自行组织进行，并填写验收记录单。自验收整改结束后，向本单位质量管理部门提交工程验收申请。

（2）预验收由施工单位质量管理部门组织进行，并填写预验收记录单。预验收整改结束后，填写工程竣工报告，并向上级工程质量监督站提交工程验收申请。

（3）过程验收是指在电缆线路施工工程中，对土建项目、电缆敷设、电缆附件安装等隐蔽工程进行的中间验收。施工单位的质量管理部门和运行部门要根据工程施工情况列出检查项目，由验收人员根据验收标准在施工过程中逐项进行验收，填写工程验收单并签字确认。

（4）竣工验收由施工单位的上级工程质量监督站组织进行，并填写工程竣工验收签证书，对工程质量予以等级评定。在验收中个别不完善项目必须限期整改，由施工单位质量管理部门负责复验并做好记录。工程竣工后 1 个月内，施工单位应向运行单位进行工程资料移交，运行单位对移交的资料进行验收。

二、电缆工程验收方法

1. 验收程序

施工部门在工程开工前应将施工设计书、工程进度计划交质监和运行部门，以便对工程进行过程验收。工程完工后，施工部门应书面通知质监、运行部门进行竣工验收。同时施工部门应在工程竣工后 1 个月内将有关技术资料、工艺文件、施工安装记录（含工井、排管、电缆沟、电缆桥等土建资料）等一并移交运行部门整理归档。对资料不齐全的工程，运行部门可不予接收。

2. 电缆工程项目划分

电缆工程验收应按分部工程逐项进行。电缆工程可以分为电缆敷设、电缆接头、电缆终端、接地系统、信号系统、调试六个分部工程（交联电缆线路无信号系统）。每个分部工程又可分为几个分项工程，电缆工程项目划分一览表见表 2-3。

表 2-3　　　　　　　　　　电缆工程项目划分一览表

序号	分部工程	分项工程
1	电缆敷设	电缆通道（电缆沟槽开挖、排管、隧道建设）、电缆展放、电缆固定、孔洞封堵、回填掩埋、防火工程、分支箱安装等
2	电缆接头	直通接头、绝缘接头、塞止接头、过渡接头
3	电缆终端	户外终端、户内终端、GIS 终端、变压器终端
4	接地系统	终端接地、接头接地、护层交叉互联箱接地、分支箱接地、单芯电缆护层交叉互联系统
5	信号系统	信号屏、信号端子箱、控制电缆敷设和接头、自动排水泵
6	调试	绝缘测试（含耐压试验和电阻测试）、参数测量、信号系统测试、护层试验、接地电阻测试、相位校核、交叉互联系统试验

3. 验收报告编写

验收报告的内容主要分工程概况说明、验收项目签证和验收综合评价三个方面。

（1）工程概况说明。内容包括工程名称、起讫地点、开竣工日期以及电缆型号、长度、敷设方式、接头型号、数量、接地方式、信号装置布置和工程设计、施工、监理、建设单位名称等。

（2）验收项目签证。验收部门在工程验收前，应根据工程实际情况和施工验收规范，编制完成项目验收检查表，作为验收评估的书面依据，并对照项目验收标准对施工项目逐项进行验收签证和评分。

（3）验收综合评价。验收部门应根据有关国家标准和企业标准制定验收标准，对照验收标准对工程质量作出综合评价，并对整个工程进行评分。成绩分为优、良、及格、不及格四种，所有验收项目均符合验收标准要求者为优；所有主要验收项目均符合验收标准，个别次要验收项目未达到验收标准，不影响设备正常运行者为良；个别主要验收项目不合格，不影响设备安全运行者为及格；多数主要验收项目不符合验收标准，将影响设备正常安全运行者为不及格。

三、竣工验收导则

《国家电网公司配电网工程典型设计（2021 年版） 10kV 电缆分册》

《电力电缆线路运行规程》（DL/T 1253—2013）

《国家电网公司电缆及通道运维管理规定》［国网（运检/4）307—2014］

《电缆防火封堵标准》（Q/GDW－10－J266—2010）

四、土建设施竣工验收

为适应现代城市建设和电力网发展，往往需要在同一路径上敷设多条电缆。当采用直埋敷设方式难以解决电缆通道时，就需要建造电缆线路构筑物设施。构筑物设施建成之后，在敷设新电缆或检修故障电缆时，可以避免重复挖掘路面，同时将电缆置于钢筋混凝土的土建设施之中，还能够有效避免发生机械外力损坏事故。

1. 电缆敷设要求

20kV 及以下电缆一般采用电力井、电缆沟、电缆排管或电缆桥架一种或几种方式相结合的敷设方式。电缆沟、电力井应采取钢筋混凝土型式，不应采用砖砌型式。在盖板不可开启区域，应选择其他通道型式。过路、重型车辆通过地区不得采用直埋型式。

电缆通道施工图须经运行管理单位审查，并按反馈要求进行变更。运行人员应了解各种电缆构筑物的特点，如表 2-4 所示。

表 2-4　　　　　电缆构筑物的主要种类及结构特点

种类		主要适用场所	结构特点
电缆管道	电缆排管管道	道路慢车道	钢筋混凝土加衬管并建工作井
	电缆非开挖管道	穿越河道、重要交通干道、地下管线、高层建筑	可视化定向非开挖钻进，全线贯通后回扩孔，拉入设计要求的电缆管道，两端建工作井
电缆沟		工厂区、变电站内（或周围）、人行道	钢筋混凝土或砖砌，内有支架

种类	主要适用场所	结构特点
桥梁（市政桥、电缆专用桥）	跨越河道、铁路	钢构架、钢筋混凝土箱型，内有支架
电缆桥架	工厂区、高层建筑	钢构架
电缆隧道	发电厂、变电站出线、重要交通干道、穿越河道	钢筋混凝土、钢管，内有支架
电缆竖井	落差较大的水电站、电缆隧道出口、高层建筑	钢筋混凝土、在大型建筑物内，内有支架

2. 电缆构筑物土建工程的验收

（1）土石方工程的验收。土石方工程竣工后，应检查验收下列资料：

1）土石方竣工图。

2）有关设计变更和补充设计的图纸或文件。

3）施工记录和有关试验报告。

4）隐蔽工程验收记录。

5）永久性控制桩和水准点的测量结果。

6）质量检查和验收记录。

土石方工程验收除检查验收相关资料外，还应验收挖方、填方、基坑、管沟等工程是否超过设计允许偏差。

（2）混凝土工程的验收。钢筋混凝土工程竣工后，应检查验收下列资料：

1）原材料质量合格证件和试验报告。

2）设计变更和钢材代用证件。

3）混凝土试块的试验报告及质量评定记录。

4）混凝土工程施工和养护记录。

5）钢筋及焊接接头的试验数据和报告。

6）装配式结构构件的合格证和制作、安装验收记录。

7）预应力筋的冷拉和张拉记录。

8）隐蔽工程验收记录。

9）冬期施工热工计算及施工记录。

10）竣工图及其他文件。

钢筋混凝土工程验收除检查验收相关资料外，还应进行外观抽查。

（3）砖砌体工程的验收。砖砌体工程竣工后，应检查验收下列资料：

1）材料的出厂合格证或试验检验资料。

2）砂浆试块强度试验报告。

3）砖石工程质量检验评定记录。

4）技术复核记录。

5）冬期施工记录。

6）重大技术问题的处理或修改设计等的技术文件。

7）隐蔽工程验收记录。

3. 电缆排管和工井的验收

电缆排管是一种使用比较广泛的土建设施，典型的电缆排管结构包括基础、衬管和外包钢筋混凝土。对排管和与之相配套的工井，应检查验收以下内容：

（1）基础。排管基础通常为道渣垫层和素混凝土基础两层。

1）道渣垫层。采用粒径为 30～80mm 的碎石或卵石，铺设厚度符合设计要求。垫层要夯实，其宽度要求比素混凝土基础宽一些。

2）素混凝土基础。在道渣垫层上铺素混凝土基础，厚度满足设计要求。素混凝土基础应浇捣密实，及时排除基坑积水。对一般排管的素混凝土基础，原则上应一次浇完。如需分段浇捣，应采取预留接头钢筋、毛面、刷浆等措施。浇注完成后要做好养护。

（2）衬管。排管用的衬管应物理和化学性能稳定，有一定机械强度，应考虑强度、散热、老化、阻燃、腐蚀等因素对电缆外护层无腐蚀，内壁光滑无毛刺，遇电弧不延燃。禁止使用高碱玻璃钢管、缠绕玻璃钢管、波纹管。

（3）外包钢筋混凝土。排管四周按设计图要求，以钢筋增强，外包混凝土。外包混凝土分段施工时，应留下阶梯形施工缝，每一施工段的长度应不少于 50m。

（4）排管。

1）排管施工，原则上应先建工井，再建排管，并从一座工井向另一座工井顺序铺设管材。排管间距要保持一致，应用特制的 U 形定位垫块将排管固定。垫块不得放在管子接头处，上下左右要错开，安装要符合设计要求。

2）排管的平面位置应尽可能保持平直。每节排管转角要满足产品使用说明书的要求，但相邻排管只能向一个方向转弯，不允许有 S 形转弯。

3）排管孔径和孔数应符合设计要求。

4）排管连接处应严密，排管与工井、排管与电缆之间应进行有效的防水封堵。排管未启用时，必须进行防水封堵。

5）排管管口应无毛刺和尖锐棱角，管口应做成喇叭形。

6）排管内径不应小于电缆外径的 1.5 倍，且不应小于 150mm。

7）排管应有不小于 0.3% 的排水坡度。

8）排管之间宜采用管枕结构，上下层排管间距不得小于 5cm。

9）排管敷设的电缆上方沿线土层应铺设电缆标示牌（桩）。

10）排管疏通检查。为了确保敷设时电缆护套不被损伤，在排管建好后，应对各孔管道进行疏通检查。管道内不得有因漏浆形成的水泥结块及其他残留物，衬管接头处应光滑，不得有尖突。疏通检查方式是用疏通器来回牵拉，应双向畅通。疏通器规格见表 2-5。

表 2-5　　　　　疏 通 器 规 格　　　　（mm）

排管内径	150	175	200
疏通器外径	127	159	180
疏通器长度	600	700	800

在疏通检查中，如发现排管内有可能损伤电缆护套的异物，必须清除。清除方法是用钢丝刷、铁链和疏通器来回牵拉，必要时用管道内窥镜探测检查。只有当管道内异物排除，整条管道双向畅通后，才能敷设电缆。

（5）工井。

1）工井接地的验收。工井内的金属支架和预埋铁件要可靠接地，接地方式要与设计相符，且接地电阻满足设计要求。

2）工井尺寸的验收。工井尺寸应符合设计要求。封闭工井应设置不少于两个人孔，底部应设置集水坑，应满足防止外部进水或渗水的要求，纵向坡度不小于 0.3%。工井内应无杂物、无积水。

3）工井间距根据电缆施工的敷设方式及允许牵引力设置。直线段一般控制在 50～80m，在电缆转弯及接头处宜设置工井。

4）工井位置应尽量布置在绿化带或人行道上，如无法满足上述条件必须设置在快车道上时，电缆工井要求长至少 12m、井深 1.9m 以上，盖板为两个圆检查井盖，直径 800mm。绿化带、人行道电缆检修工井长不小于 6m，宽不低于 1.6m。

5）电缆工井必须采用混凝土钢筋浇筑型式，并预埋连接支架铁件。

6）电缆工井井口边缘应有角钢保护，钢筋混凝土盖板边缘应用角钢或槽钢包边，盖板间不应有明显间隙。

7）电缆工井井盖上应设有电力标识，应符合《检查井盖》（GB/T 23858）的要求，尺寸应标准化，应具有防水、防盗、防滑、防位移、防坠落等功能。

4. 电缆桥架和电缆沟的验收

电缆通过河道，在征得有关部门同意后，可从道路桥梁的人行道板下通过。

电缆沟采用钢筋混凝土或砖砌结构，用预制钢筋混凝土盖板或钢制盖板覆盖，盖板顶面与地面平齐。

对电缆桥架和电缆沟，应检查验收以下内容：

（1）电缆沟建设应满足结构强度及运行环境要求，禁止易燃易爆等其他管道穿越电缆沟。电缆沟墙体应能防止可燃物经土壤渗入。

（2）电缆沟内排水坡度不小于 0.3%，并在最低处设置集水坑。

（3）尺寸和间距。电缆沟内最小允许距离应符合表 2-6 的规定。

表 2-6　　　　　　　　　　　　　电缆沟内最小允许距离　　　　　　　　　　（mm）

名称		电缆沟深度		
		≤600	600~1000	≥1000
两侧有电缆支架时的通道宽度		300	500	700
单侧有电缆支架时的通道宽度		300	450	600
电力电缆之间的水平净距		不小于电缆外径		
电缆支架的层间净距	电缆为 10kV 及以下	200		
	电缆为 20kV 及以上	250		
	电缆在防火槽盒内	槽盒外壳高度 $h+80$		

（4）支架和接地。电缆支架按结构分类，有装配式和工厂分段制造的电缆托架等种类；按材质分类，有金属支架和塑料支架。金属支架应采用热浸镀锌，并与接地网连接；用硬质塑料制成的塑料支架又称绝缘支架，具有一定的机械强度并耐腐蚀。支架相互间距为 1m。

电缆沟接地网的接地电阻应小于 4Ω。

（5）防火措施。

1）高压电缆应置于防火槽盒内，或敷设于沟底，并用沙子覆盖。

2）不同电压等级电缆不允许放置在同一电缆沟内。

3）防范可燃性气体渗入。

（6）电缆沟盖板必须满足道路承载要求，钢筋混凝土盖板应用角钢包边。电缆沟的齿口也应用角钢保护。盖板尺寸要与齿口相吻合，不宜有过大间隙。

5. 电缆隧道的验收

电缆隧道的验收，除需按照土建要求进行验收外，还需对其附属设施进行验收。其检查验收内容如下：

（1）照明。从两端引入低压照明电源，并间隔布置灯具，设双向控制开关。灯具应选用防潮、防爆型。

（2）通风。隧道通风有自然通风和强制排风两种方式。市区道路上的电缆隧道，可在有条件的绿化地带建设进、出风竖井，利用进、出风竖井高度差形成的气压，使空气自然流通。强制排风需安装送风机，根据隧道容积和通风要求进行通风计算，以确定送风机功率和自动开机与关机的时间。采用强制排风可以提高电缆载流量。

（3）排水。整条隧道应有排水沟道，且必须有自动排水装置。隧道中如有渗漏水，将集中到两端集水坑中，当达到一定水位时，自动排水装置启动，用排水泵将水排至城市下水道。

（4）消防设施。为了确保电缆安全，电缆隧道中必须有可靠的消防措施。

1）隧道中不得采用有纤维绕包外层的电缆，应选用具有阻燃性能、不延燃的外护套电缆。在不阻燃电缆外护层上，应涂防火涂料或绕包防火包带。

2）应用防火槽盒。高压电缆应该用耐火材料制成的防火槽盒全线覆盖，如果是单芯电缆，可呈品字形排列，三相罩在一组防火槽中。防火槽两端用耐火材料堵塞。

3）安装火灾报警和自动灭火装置。

（5）环境监控系统。隧道内宜配置环境监控系统，采用在线实时监控模式，对电缆隧道集中监控。

1）实时监测隧道环境温度、火灾监控和报警。

2）可燃气体浓度、氧气浓度、有害气体浓度监测。

3）实时监控电缆隧道内积水水位。

（6）拉管、顶管的验收。

1）管控数应按照规划预留适当备用。

2）管孔的端口应进行防止损伤电缆的处理。

3）所有管口应封堵严密，且封堵材料能保证电缆因能够热胀冷缩而产生径向运动时不脱落，所有备用孔也应封堵。

4）在拉管通道地面上以及相连接的工井孔上埋设地标，以确立位置便于后期维护。

五、电缆敷设工程验收

电缆敷设工程属于隐蔽工程，验收应在施工过程中进行，并且要求抽样率大于 50%。

1. 电缆敷设验收的内容和重点

电缆敷设验收的主要内容包括电缆通道、电缆展放、电缆固定、孔洞封堵、回填掩埋、防火工程、分支箱安装等，其中电缆通道、电缆展放和电缆固定为关键验收项目，应重点加以关注。

2. 电缆敷设的验收内容

（1）电缆展放和固定验收要求参照中间验收要求。

（2）孔洞封堵验收。变电站电缆穿墙（或楼板）孔洞、工井排管口、开关柜底板孔等都要求用封堵材料密实封堵，符合设计要求。电缆进入电缆沟、隧道、竖井、建筑物、盘（柜）以及穿入管时，出入口应封闭，管口应密封。

（3）电缆防火工程验收内容包括：

1）选用裸铠装或聚氯乙烯阻燃外护套电缆，不得选用纤维外被层的电缆。

2）电缆夹层内接头应加装防火保护盒，接头两侧 3m 内应绕包防火带。

3）防火带应半搭盖绕包平整，无明显突起。

4）高压电缆应置于防火槽盒内，或敷设于沟底，并用沙子覆盖。

5）电缆防火槽盒应符合设计要求，上下两部分安装平直，接口整齐，接缝紧密，槽盒内金具安装牢固，间距符合设计要求，端部应采用防火材料封堵，密封完好。

6）电缆防火涂料厚度和长度、间隔时间应符合设计要求，涂刷应均匀，无漏刷。

7）在电缆穿过竖井、墙壁、楼板或进入电气盘、柜的孔洞处，用防火堵料密封严实。在重要的电缆沟和隧道中，按设计要求分段或用软质耐火材料设置阻火墙。

（4）电缆分支箱验收内容包括：

1）分支箱基础的上平面应高于地面，箱体固定牢固，横平竖直，分支箱门开启方便。

2）内部电气安装和接地极安装应符合设计要求。

3）箱体防水密封良好，底部应铺以黄沙，然后用水泥抹平；电缆穿孔处用油泥做好封堵。

4）分支箱铭牌书写规范，字迹清晰，命名符合要求。

5）分支箱内相位标识正确、清晰。

（5）环网柜验收内容包括：

1）环网柜基础的上平面应高于地面 300～500mm，电缆井深度应大于1900mm，箱体固定牢固，横平竖直，环网柜门开启方便。

2）内部电气安装和接地极安装应符合设计要求。采用扁钢与接地装置相连，每处设备的连接点应不少于 2 处，基地装置由水平接地体与垂直接地体组成，接地电阻应符合设计要求。

3）箱体防水密封良好，底部应铺以黄沙，然后用水泥抹平；电缆穿孔处用油泥做好封堵。

4）环网柜铭牌书写规范，字迹清晰，命名符合要求。

5）环网柜内相位标识正确、清晰。

（6）标识和警示牌。包括电缆路径警示牌、电缆路径指示桩、电缆路径指示块、电缆路径警示带、电缆终端铭牌等；标牌标识正确无误，并应含有线路名称、相位、生产厂家、电缆型号、施工时间、施工及监理单位等信息。路径牌、电缆及电缆附件标志牌、警示带按要求进行完善。

六、电缆接头和电缆终端工程验收

电缆接头及电缆终端工程属于隐蔽工程，工程验收应在施工过程中进行。如采用抽样检查，抽样率应大于 50%。电缆接头有直通接头、绝缘接头、塞止接头、过渡接头等类型，电缆终端有户外终端、户内终端、GIS 终端、变压器终端等类型。

1. 接头和终端的验收内容

（1）并列敷设的电缆，其接头的位置宜相互错开。

（2）接头和终端铭牌、相色标志字迹清晰、安装规范。

（3）接头和终端应固定牢固，接头两侧及终端下方一定距离内保持平直，并做好接头的机械防护和阻燃防火措施。

（4）直埋电缆接头应有防止机械损伤的保护结构或外设保护盒。

（5）按设计要求做好电缆中间接头和终端的接地。

2. 电缆终端接地箱验收

（1）接地箱安装符合设计书及装置图要求。

（2）终端接地箱内电气安装符合设计要求，导体连接良好。护层保护器符合设计要求，完整无损伤。

（3）终端接地箱密封良好，接地线相色正确，标志清晰。

（4）接地箱箱体应采用不锈钢材料。

七、电缆附属设备验收

电缆附属设备验收主要是指接地系统、信号保护系统的验收。

1. 接地系统验收

接地系统由终端接地、接头接地网、终端接地箱、护层交叉互联箱及分支箱接地网组成。接地系统主要验收以下项目：

(1) 各接地点接地电阻符合设计要求。

(2) 接地线与接地排连接良好，接线端子应采用压接方式。

(3) 同轴电缆的截面应符合设计要求。

(4) 护层交叉互联箱内接线正确，导体连接良好，相色标志正确清晰。

2. 信号保护系统验收

在对信号保护系统验收中，信号与控制电缆的敷设安装可参照《电力工程电缆设计标准》（GB 50217）验收。信号屏、信号箱安装以及自动排水装置安装等工程验收可按照《电气装置安装工程盘、柜及二次回路接线施工及验收规范》（GB 50171）进行。信号保护系统主要验收以下项目：

(1) 控制电缆每对线芯核对无误且有明显标记。

(2) 信号回路模拟试验正确，符合设计要求。

(3) 信号屏安装符合设计要求，电器元件齐全，连接牢固，标志清晰。

(4) 信号箱安装牢固，箱门和箱体由多股软线连接，接地良好。

(5) 自动排水装置符合设计要求。

(6) 低压接线连接可靠，绝缘符合要求，端部标志清晰。

(7) 接地电阻符合设计要求。

(8) 铭牌清晰，名称符合命名原则。

八、电缆工程调试

电缆工程调试由信号系统调试、绝缘测试、电缆常数测试、护层试验、接地网测试、相位校核、交叉互联系统试验等项目组成，其中绝缘测试包括直流或交流耐压试验和绝缘电阻测试。各调试结果均应符合电缆工程竣工交接试验规程和工程设计书要求。

习 题

1. 简答：电缆工程验收报告的编写包含哪些内容？

2. 简答：简述电缆敷设工程验收的重点内容。

3. 简答：电缆构筑物的种类有哪些？

4. 简答：请简述电缆工程验收的阶段流程。

第五节　电缆工程竣工资料验收

学习目标

1. 熟悉电缆工程竣工资料的种类
2. 熟悉施工文件、技术文件和相关资料的具体内容要求。

知识点

电缆工程竣工资料包括施工文件、技术文件和相关资料。

一、电缆工程施工文件

（1）电缆工程施工依据性文件。包括经规划部门批准的电缆路径图（简称规划路径批件）、施工图设计书等。

（2）土建及电缆构筑物相关资料。

（3）电缆线路安装的过程性文件。包括电缆敷设记录、接头安装记录、设计修改文件和修改图、电缆护层绝缘测试记录、信号箱、交叉互联箱和接地箱安装记录。

二、电缆工程技术文件

（1）由设计单位提供的整套设计图纸。

（2）由制造厂提供的技术资料，包括产品设计计算书、技术条件、技术标准、电缆附件安装工艺文件、产品合格证、产品出厂试验记录及订货合同。

（3）由设计单位和制造厂商签订的有关技术协议。

（4）电缆工程竣工试验报告。

三、电缆工程竣工验收相关资料

电缆线路工程属于隐蔽工程，电缆线路建设的全部文件和技术资料，是分析电缆线路在运行中出现的问题和需要采取措施的技术依据。电缆工程竣工验收相关资料主要包括以下内容：

（1）原始资料。电缆线路施工前的有关文件和图纸资料称为原始资料，主要包括工程计划任务书、线路设计书、管线执照、电缆及附件出厂质量保证书、有关施工协议书等。

（2）施工资料。电缆和附件在安装施工中的所有记录和有关图纸称为施工资料，主要包括电缆线路图、电缆接头和终端装配图、安装工艺和安装记录、电缆线路竣工试验报告。

1）电缆敷设后必须绘制详细的电缆线路走向图。直埋电缆线路走向图的比例一般为 1:500；地下管线密集地段应取 1:100，管线稀少地段可用 1:1000。走向图上同时应标注出电缆接头位置和工井位置。平行敷设的线路应尽量合用一张图纸，但必须标明各条线路的相对位置，并绘出地下管线断面图。

2）原始装置情况，包括电缆额定电压、型号、长度、截面积、制造日期、安装日期、制造厂名，电缆接头与终端的规格型号、安装日期、制造厂名，以及电缆接头与终端施工人员和施工单位名称。

（3）共同性资料。与多条电缆线路相关的技术资料为共同性资料，主要包括电缆线路总图、电缆网络系统接线图、电缆在管沟中的排列位置图、电缆接头和终端的装配图、电缆线路土建设施的工程结构图等。

习 题

1. 简答：电缆工程竣工资料的种类有哪些？
2. 简答：电缆工程施工文件有哪些？
3. 简答：电缆工程技术资料有哪些？

第三章

电缆交接试验和例行试验

第一节 电 缆 交 接 试 验

学习目标

1. 熟悉主绝缘及外护套绝缘电阻检测的基本原理和检测方法
2. 熟悉主绝缘交流耐压试验的基本原理
3. 熟悉金属屏蔽（金属套）与导体电阻比测量的基本原理
4. 熟悉电缆两端相位检查的基本原理
5. 熟悉局部放电检测的基本原理，掌握设备的使用方法
6. 熟悉介质损耗检测的基本原理，了解介质损耗检测的技术参数

知识点

依据《配电电缆线路试验规程》（Q/GDW 11838—2018），中压电力电缆交接试验项目包括电缆主绝缘及外护套绝缘电阻测量、主绝缘交流耐压试验和电缆两端相位检查，具备条件的宜开展局部放电检测和介质损耗检测。

一、主绝缘及外护套绝缘电阻检测

1. 技术原理

电缆线路的绝缘电阻大小同加在电缆导体上的直流测量电压及通过绝缘的泄漏电流有关，绝缘电阻和泄漏电流的关系符合欧姆定律，即

$$R = \frac{U}{I} \qquad (3-1)$$

绝缘电阻的大小取决于绝缘的体积电阻和表面电阻的大小，把直流电压 U 和绝缘的体积电流 I_v 之比称为体积电阻 R_v，U 和表面泄漏电流 I_S 之比称为表面电阻 R_S，即

$$R_v = \frac{U}{I_v} \qquad (3-2)$$

$$R_S = \frac{U}{I_S} \qquad (3-3)$$

正确反映电缆绝缘品质的是绝缘的体积电阻 R_v。

2. 试验要求

（1）测量绝缘电阻时，应分别在电缆的每一相上进行。对一相进行测量时，其他两相导体、金属屏蔽或金属套和铠装层一起接地，试验结束后应对被试电缆进行充分放电。三相电缆芯线绝缘电阻试验接线图和电缆外护套绝缘电阻试验接线图分别见图 3-1 和图 3-2。

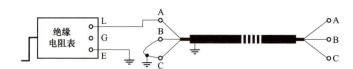

图 3-1 三相电缆芯线绝缘电阻试验接线图

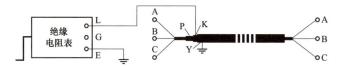

图 3-2 电缆外护套绝缘电阻试验接线图

P—金属屏蔽层；K—金属护层（铠装层）；Y—绝缘外护套

（2）电缆主绝缘电阻测量应采用 2500V 及以上电压的绝缘电阻表，外护套绝缘电阻测量宜采用 1000V 绝缘电阻表。

（3）耐压试验前后，绝缘电阻应无明显变化。电缆外护套绝缘电阻不低于 0.5MΩ·km。

3. 典型案例

2021 年 9 月 4 日，××变电站××出线电缆投运试验，首先拆除被测电缆两端与铜排固定的螺栓，并悬空设置，被测相远离附件金属部件，非测试相线芯临时接地，试验现场如图 3-3 所示。

试验人员用 5000V 的绝缘电阻表对三相进行测量，ABC 三相绝缘电阻分别为 19.5、2.45、46.5GΩ。试验人员发现 B 相数值偏低，后对三相进行了绝缘耐压试验，B 相绝缘电阻降至 10kΩ，继续加压后，电缆本体被击穿。

图 3-3 试验现场

二、主绝缘交流耐压试验

1. 技术原理

对于电缆而言，其电容量相对其他类型设备较大，在进行耐压试验时，要求试验电压高、试验设备容量大，现场往往难以解决。为了克服这种困难，采用串联电抗器谐振的方法进行耐压试验，通过调节试验回路的频率 ω，使得 $\omega L = 1/\omega C$，此时回路形成谐振，这时的频率为谐振频率。设谐振回路品质因数为 Q，被试电缆上的电压为励磁电压的 Q 倍，这时通过增加励磁电压就能升高谐振电压，从而达到试验目的。此外，对于 35kV 及以下电压等级的电缆，可采用 0.1Hz 超低频交流电压的试验方法，根据无功功率的计算公式 $Q = 2\pi f C U^2$，理论上 0.1Hz 的试验设备容量可以比工频交流试验设备容量降低 500 倍，此外 0.1Hz 超低频试验设备远小于工频试验设备，具有设备轻便、易于接线等优点。

2. 试验要求

（1）主绝缘交流耐压试验一般采用 20～300Hz 的谐振交流电压，试验接线图如图 3-4 所示。

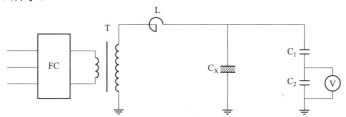

图 3-4 主绝缘交流耐压试验接线图

FC—变频电源；T—励磁变压器；L—串联电抗器；
C_X—被试电缆等效电容；C_1、C_2—分压器高、低压臂电容

（2）电缆主绝缘交流耐压试验应分别在每一相上进行。对一相进行试验时，其他两相导体、金属屏蔽或金属套和铠装层一起接地。试验结束后应对被试电

缆进行充分放电。

（3）20～300Hz 交联电缆交流耐压试验电压及时间见表 3－1。

表 3－1　　　　　20～300Hz 交联电缆交流耐压试验电压及时间

额定电压 U_0/U（kV）	试验电压		时间（min）
	新投运线路或不超过 3 年的非新投运线路	非新投运线路	
18/30 及以下	$2.5U_0$（$2.0U_0$）	$2.0U_0$（$1.6U_0$）	5（60）
21/35 与 26/35	$2.0U_0$	$1.6U_0$	60

注　非新投运线路是指由于线路切改或故障等原因重新安装电缆附件的电缆线路。对于整相电缆和附件全部更换的线路，试验电压和耐受时间按照新投运线路要求。

（4）当不具备谐振交流耐压的试验条件时，可采用频率为 0.1Hz 的超低频交流电压进行耐压试验。

（5）橡塑电缆 0.1Hz 超低频交流耐压试验电压及时间见表 3－2。

表 3－2　　　　橡塑电缆 0.1Hz 超低频交流耐压试验电压及时间

额定电压 U_0/U（kV）	试验电压	时间（min）
18/30 及以下	$3.0U_0$（$2.5U_0$）	15（60）
21/35 与 26/35	$2.5U_0$（$2.0U_0$）	

3. 典型案例

2021 年 12 月 9 日，××电缆投运，用 0.1Hz 超低频交流耐压试验，试验电压为 $2.5U_0$，试验时间为 15min，试验接线图如图 3－5 所示。

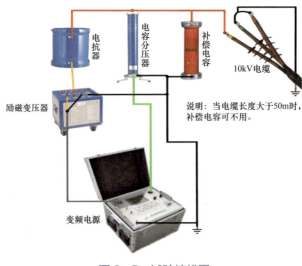

图 3－5　试验接线图

电缆交流耐压试验现场图如图 3−6 所示，分别对三相进行绝缘电阻试验，试验后 ABC 三相绝缘电阻分别为 79.2、62.4、67.0GΩ，见表 3−3，未发生击穿情况，电缆合格，可以正常送电。

表 3−3 绝缘电阻阻值测试结果

一、电缆基本信息			工程编号	
线路名称	××—××			
测试时间	2021 年 12 月 9 日	测试地点	××	
电缆长度	598m	电缆型号	YJV_{22}−12/20kV−3×240	
中间接头数量	233m，约 1 个接头			

二、主要试验设备				
序号	设备名称	设备型号	设备编号	备注
1	电缆超低频综合测试系统	VLF62−TD−PD	19410010289	介质损耗、局部放电、耐压三合一测试

三、试验项目及结果				
绝缘阻值测试	相位	A 相	B 相	C 相
	试验前绝缘电阻	34.3GΩ	24.9GΩ	25.3GΩ
	试验后绝缘电阻	79.2GΩ	62.4GΩ	67.0GΩ
试验结论	在 $2.5U_0$ 下 15min 加压试验通过，未发现明显局部放电特征信号。			
处理建议	6 个月复测□	局部放电量超过标准值或介质损耗值异常状态，且未进行处理的电缆		
	1 年内复测□	局部放电量未超标或介质损耗值关注状态，且未进行处理的电缆		
	3 年内复测 ☑	无局部放电、介质损耗正常且绝缘状态良好的电缆		
	综合以上测试结果，电缆整体绝缘状态良好。基础数据保留，建议下一个检修周期为三年后，继续综合判断电缆运行状态			

三、金属屏蔽（金属套）与导体电阻比测量

1. 技术原理

当电缆外护套发生破损时，金属屏蔽层（金属套）可能会发生腐蚀导致电阻增加。此外，当电缆接头的导体连接点连接不良时，也会导致导体回路的电阻增加。通过测试金属屏蔽与导体的电阻比，可以帮助运维人员了解是否存在上述问题。由于电缆导体电阻很低，现场一般采用双臂电桥进行测试，双臂电桥工作原理如图 3−7 所示。

图 3-6 电缆交流耐压
试验现场图

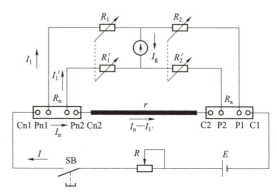

图 3-7 双臂电桥原理图

R_n—标准电阻；R_x—被测电阻；R_1、R_2、R_1'、R_2'—可调电阻；
r—附加电阻；P1、P2、Pn1、Pn2—电压极；C1、C2、Cn1、
Cn2—电流极；SB—开关；R—可调电阻；E—电源

通过调节四个可调电阻，使 $I_g = 0$ 时，电桥达到平衡，此时通过式（3-4）可以得到被测电阻 R_x 的值

$$R_x = \frac{R_2}{R_1} R_n \qquad\qquad (3-4)$$

2. 试验要求

（1）结合其他连接设备一起，采用双臂电桥或其他方法，测量在相同温度下的回路金属屏蔽（金属套）和导体的直流电阻，并求取金属屏蔽（金属套）与导体电阻比，作为今后监测基础数据。

（2）现场由于电缆较长，无法在电缆两端接线，测试可采用以下方法：

1）将电缆线路末端三相短路，按照图 3-8 所示接线，连接双臂电桥，首先

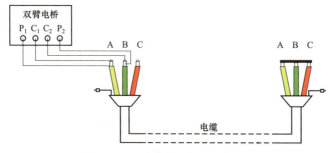

图 3-8 双臂电桥现场测试接线图

测量 AB 两相导体直流电阻之和 R_{AB}。

2）测量时，先将灵敏度调节到适当的位置，运用调节倍率、刻度盘和微调盘，调节桥臂的电阻。

3）当电桥平衡时，读取刻度盘和微调盘读数，记录 R_{AB} 的值。

4）更改接线，继续测量 BC、AC 两相的导体直流电阻之和 R_{BC}、R_{AC}。

5）完成测试后，根据式（3-5）即可计算出单相的导体直流电阻 R_A、R_B、R_C

$$2R_A = R_{AB} + R_{AC} - R_{BC}$$
$$2R_B = R_{AB} + R_{BC} - R_{AC} \qquad (3-5)$$
$$2R_C = R_{AC} + R_{BC} - R_{AB}$$

6）同理可测得三相金属屏蔽层的直流电阻，即可得到导体与金属屏蔽层的电阻比。

四、电缆两端相位检查

1. 技术原理

在三相制电力网络中，三相之间有固定的相角差。电气设备与电网之间、电网与电网之间连接的相位必须一致才能正常运行。电缆线路连接电网和电气设备必须保证两端相位一致，所以电缆线路安装竣工或经过检修后都要进行核相工作。

2. 试验要求

核相测试包括两种方法，分别是干电池法核相和绝缘电阻表核相。

（1）干电池法核相接线图如图 3-9 所示。

图 3-9　干电池法核相接线图

采用干电池法核相时，将电缆两端的线路接地刀闸拉开，对电缆进行充分放电，对侧三相全部悬空。在电缆的一端 A 相接电池组正极，B 相接电池组负极。在电缆的另一端用直流电压表测量任意两相芯线。当直流电压表正起时，直流电压表正极为 A 相，负极 B 相，剩下一相则为 C 相。电池组为 2～4 节干电池串联使用。

（2）绝缘电阻表核相接线图如图 3-10 所示：

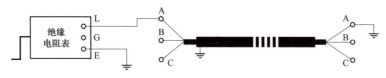

图 3−10　绝缘电阻表核相接线图

采用绝缘电阻表核相时，将电缆两端的线路接地刀闸拉开，对电缆进行充分放电，对侧三相全部悬空，将测量线一端接绝缘电阻表"L"端，另一端接绝缘杆，绝缘电阻表"E"端接地。通知对侧人员将电缆其中一相接地（以 A 相为例），另两相空开。试验人员驱动绝缘电阻表，将绝缘杆分别搭接电缆三相芯线，绝缘电阻为零时的芯线为 A 相。试验完毕后，将绝缘杆脱离电缆 A 相，再停止绝缘电阻表。对被试电缆放电并记录。完成上述操作后，通知对侧试验人员将接地线接在线路另一相，重复上述操作，直至对侧三相均有一次接地。

（3）电缆线路两端的相位应一致，并与电网相位相符合。

五、局部放电检测

1. 技术原理

对电缆外施电压到一定条件下,会使电缆中缺陷处电场畸变程度超过临界放电场强，激发局部放电现象，局部放电信号以脉冲电流的形式向两边同时传播。通过在测试端并联一个耦合器收集这些电流信号，可以实现局部放电缺陷的检测。脉冲反射法原理图如图 3−11 所示，当测试一条长度为 l 的电缆时，假设在距测试端 x 处发生局部放电，放电脉冲沿电缆向两个相反方向传播，传播速度为 v，其中一个脉冲经过时间 t_1 到达测试端；另一个脉冲向测试对端传播，在对端电缆末端发生反射之后再向测试端传播，经过时间 t_2 到达测试端，则两个脉冲到达测试端的时间差为

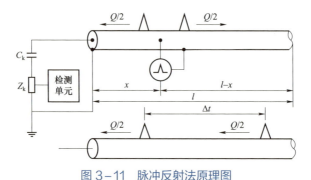

图 3−11　脉冲反射法原理图

Q—放电信号幅值；C_k—高压电容；Z_k—匹配阻抗

$$\Delta t = t_2 - t_1 = 2(1-x)/v \qquad （3-6）$$

由此可计算出局部放电发生的位置。

2. 试验要求

（1）交联电缆交接试验中主绝缘局部放电检测可采用振荡波、超低频正弦、超低频余弦方波三种电压激励形式。采用振荡波激励时，测试原理示意图见图3-12，检测试验方法及要求见表3-4。

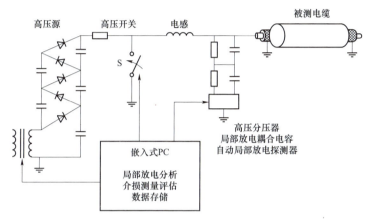

图3-12　振荡波测试原理示意图

表3-4　　　　　　　交联电缆交接试验中局部放电检测方法及要求

电压形式	最高试验电压		最高试验电压激励次数/时长	试验要求	
	全新电缆	非全新电缆		新投运电缆部分	非新投运电缆部分
振荡波电压	$2.0U_0$	$1.7U_0$	不低于5次	起始局部放电电压不低于$1.2U_0$；本体局部放电检出值不大于100pC；接头局部放电检出值不大于200pC；终端局部放电检出值不大于2000pC	本体局部放电检出值不大于100pC；接头局部放电检出值不大于300pC；终端局部放电检出值不大于3000pC
超低频正弦波电压	$3.0U_0$	$2.5U_0$	不低于15min		
超低频余弦方波电压	$2.5U_0$	$2.0U_0$			

（2）超低频局部放电检测可结合超低频耐压试验同步开展。

（3）局部放电检测试验前后，各相主绝缘电阻值应无明显变化。

（4）振荡波试验电压应满足：

1）波形连续8个周期内的电压峰值衰减不应大于50%。

2）频率应为20～500Hz。

3）波形为连续两个半波峰值呈指数规律衰减的近似正弦波。

4）在整个试验过程中，试验电压的测量值应保持在规定电压值的±3%以内。

（5）超低频试验电压应满足：

1）波形为超低频正弦波或超低频余弦方波。

2）频率应为 0.1Hz。

3）在整个试验过程中，试验电压的测量值应保持在规定电压值的±5%，正负电压峰值偏差不超过 2%。

3. 典型案例

2008 年 2 月 24 日，检测发现某电缆在距离测量端 100m 处存在严重放电现象，现场检测试验数据见图 3–13。

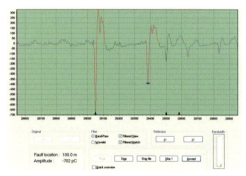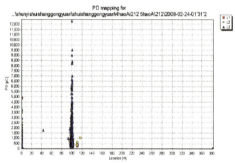

图 3–13 现场检测试验数据

对该电缆接头进行解体分析，发现该电缆内、外半导电管端口不整齐有突起，且端部未缠绕半导电带形成坡口，外屏蔽层剥离不整齐，有突起是造成严重局部放电的原因。电缆接头现场图见图 3–14。

图 3–14 电缆接头现场图

六、介质损耗检测

1. 技术原理

介质损耗检测是通过测量介质损耗角正切值 $\tan\delta$ 的大小及其变化趋势判断试品的整体绝缘情况。在交变电场下，电缆绝缘中流过的总电流可分解为容性电流 I_C 和阻性电流 I_R，$\tan\delta$ 即为 I_R 与 I_C 的比值。对于新的交联聚乙烯电缆来说，

$\tan\delta$ 一般不超过 0.002，若绝缘发生受潮、变质、老化等，$\tan\delta$ 的数值会增大，该手段是判断绝缘老化程度的一种传统、有效的方法。

2. 试验要求

交接试验中电缆主绝缘介质损耗检测可采用工频和超低频正弦波两种电压激励形式，橡塑电缆交接试验中介质损耗检测方法及要求见表 3－5。

表 3－5　　　　　　橡塑电缆交接试验中介质损耗检测方法及要求

电压形式	试验电压		介损检测数量	试验要求	
	全新电缆	非全新电缆		全新电缆	非全新电缆
超低频正弦波电压	$1.0U_0$ $2.0U_0$	$0.5U_0$ $1.0U_0$ $1.5U_0$	每级电压下不低于 5	$1.0U_0$ 下介质损耗值偏差＜0.1×10^{-3}；$2.0U_0$ 与 $1.0U_0$ 超低频介质损耗平均值的差值＜0.8×10^{-3}；$1.0U_0$ 下介质损耗平均值＜1.0×10^{-3}	$1.0U_0$ 下介质损耗值偏差＜0.5×10^{-3}；$0.5U_0$ 与 $1.5U_0$ 超低频介质损耗平均值的差值＜80×10^{-3}；$1.0U_0$ 下介质损耗平均值＜50×10^{-3}
工频电压	$1.0U_0$		—	＜0.1×10^{-2}	

3. 典型案例

2016 年 11 月 14 日，检测发现某 10kV 电缆的介质损耗因数异常，如图 3－15 所示。

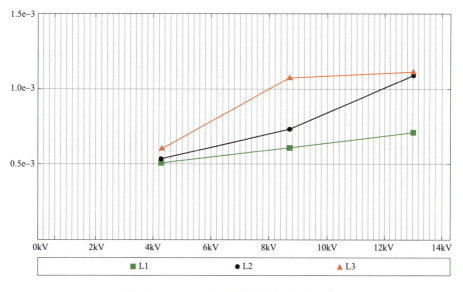

图 3－15　现场介质损耗检测数据（一）

额定电压U_o	8.7kV		
频率	0.1Hz	加压次数	3
日期/时间	11/14/2016 09:13:20 AM		
相位	L1	L2	L3
$\Delta\tan\delta$ (10e–3)	0.20	0.56	0.51
$\tan\delta$介损随时间稳定性@U_o (10e–3)	0.02	0.03	0.07
$\tan\delta$ @ 0.5×U_o (10e–3)	0.51	0.53	0.60
$\tan\delta$ @ 1.0×U_o (10e–3)	0.61	0.73	1.08
$\tan\delta$ @ 1.5×U_o (10e–3)	0.71	1.09	1.11

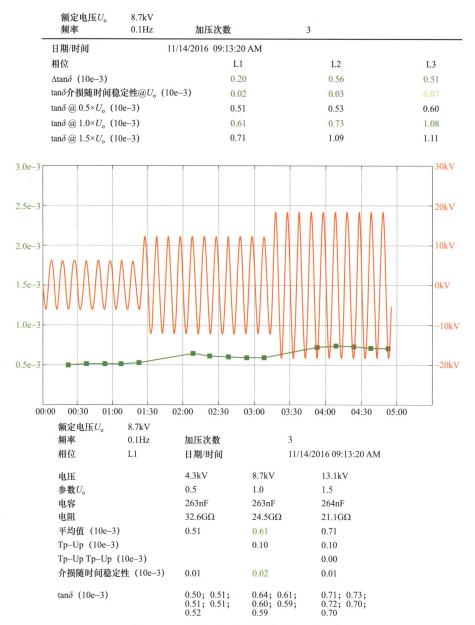

额定电压U_o	8.7kV		
频率	0.1Hz	加压次数	3
相位	L1	日期/时间	11/14/2016 09:13:20 AM

电压	4.3kV	8.7kV	13.1kV
参数U_o	0.5	1.0	1.5
电容	263nF	263nF	264nF
电阻	32.6GΩ	24.5GΩ	21.1GΩ
平均值 (10e–3)	0.51	0.61	0.71
Tp–Up (10e–3)		0.10	0.10
Tp–Up Tp–Up (10e–3)			0.00
介损随时间稳定性 (10e–3)	0.01	0.02	0.01
$\tan\delta$ (10e–3)	0.50；0.51；0.51；0.51；0.52	0.64；0.61；0.60；0.59；0.59	0.71；0.73；0.72；0.70；0.70

图 3–15 现场介质损耗检测数据（二）

习 题

1. 简答：简述主绝缘及外护套绝缘电阻检测的基本原理。

2. 简答：简述局部放电检测的基本原理。

3. 简答：简述介质损耗检测的基本原理。

第二节　电缆例行试验

学习目标

1. 熟悉红外测温的基本原理
2. 熟悉超声波局部放电检测的基本原理
3. 熟悉暂态地电压局部放电检测的基本原理；了解暂态地电压局部放电检测仪的技术参数和性能
4. 熟悉金属屏蔽接地电流检测的基本原理
5. 熟悉接地电阻检测和主绝缘及外护套绝缘电阻检测的基本原理

知识点

依据 Q/GDW 11838—2018，中压电力电缆例行试验包括红外测温、超声波局部放电检测、暂态地电压局部放电检测、金属屏蔽接地电流检测、接地电阻检测和主绝缘及外护套绝缘电阻检测。

一、红外测温

1. 技术原理

红外测温技术就是将物体发出的不可见红外能量转变为可见的热图像。通过查看热图像，可以观察到被测目标的整体温度分布状况，研究目标的发热情况，确定下一步工作方案。红外热像仪的工作原理是使用光电设备来测量辐射，并在辐射与表面温度之间建立相互联系。所有高于绝对零度（－273℃）的物体都会发出红外辐射。红外热像仪的光路图如图 3－16 所示，红外热像仪利用红外探测器和光学成像物镜接收被测目标的红外辐射能量分布图形反映到红外探测器的光敏元件上，从而获得红外热像图，这种热像图与物体表面的热分布场相对应。

由辐射理论可知，一切温度高于绝对零度的物体，每时每刻都会向外辐射人眼看不见的红外线，也同时发射辐射能量。物体的温度越高，发射的能量也越大。根据斯特藩—玻尔兹曼定律，辐射能量为

$$W = \varepsilon \delta A T^4 \qquad (3-7)$$

式中：W 为发热体发射的功率；ε 为发热体的黑度（也称发射率）；δ 为玻尔兹

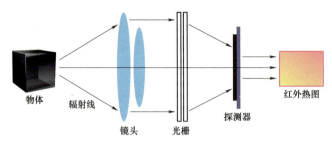

物体　辐射线　镜头　光栅　探测器　红外热图

图 3-16　红外热像仪的光路图

曼常数；A 为发热体表面积，cm^2；T 为发热体的绝对温度，K。

只要知道发热体表面的反射率ε，再检测出红外辐射能量，就可推断出发热体的温度。

红外热成像技术不仅能分辨热的差异，而且还是能使这种差异量化的一种技术，是一种非接触式温度测量技术。利用红外探测器、光学成像物镜和光机扫描系统接收被测目标的红外辐射，将其能量分布图形反映到红外探测器的光敏元件上，经放大处理、转换成标准视频信号，可以把这一热场直观的反映在荧光屏上，形成热成像图。

电缆线路热缺陷一般分为两类：接触热故障和绝缘材料固有缺陷以及变质老化。运行经验表明，电缆附件发生故障前，缺陷经常伴生局部发热，采用红外热像仪对电缆附件进行有针对性的带电检测，可发现电缆附件的发热性缺陷，及时做出相应防范措施，防止电缆故障的发生。红外热成像技术监测热现象的优点包括：

（1）测量灵敏度高、结果直观、可靠性好。

（2）适合用于所有绝缘电缆线路。

（3）能够直接找出故障或隐患点。

热成像技术监测热现象的缺点包括：

（1）不容易也不适合发现电缆及附件中的缺陷和绝缘老化，且测量结果难以对缺陷程度准确定量。

（2）易受环境等因素的干扰。

（3）一般不能全天候实时监测。

2. 试验要求

红外检测时，电缆应带电运行，且运行时间应该在 24h 以上，并尽量移开或避开电缆与测温仪之间的遮挡物，如玻璃窗、门或盖板等；需对电缆线路各处分别进行测量，避免遗漏测量部位；最好在设备负荷高峰状态下进行，一般不低于额定负荷 30%。与电缆终端相连接的避雷器的红外检测可参照《带电设备红外诊断应用规范》（DL/T 664—2016）要求执行。

（1）正确选择被测设备的辐射率,特别要考虑金属材料的氧化对选取辐射率的影响,辐射率的选取原则为金属导体部位一般取 0.9,绝缘体部位一般取 0.92。

（2）在安全距离允许的范围下,红外仪器宜尽量靠近被测设备,使被测设备充满整个仪器的视场,以提高仪器对被测设备表面细节的分辨能力及测温精度,必要时,应使用中、长焦距镜头；户外终端检测一般需使用中、长焦距镜头。

（3）将大气温度、相对湿度、测量距离等补偿参数输入,进行修正,并选择适当的测温范围。

（4）一般先用红外热像仪对所有测试部位进行全面扫描,重点观察电缆终端和中间接头、交叉互联箱、接地箱、金属套接地点等部位,发现热像异常部位后对异常部位和重点被检测设备进行详细测量。

（5）为了准确测温或方便跟踪,应事先设定几个不同的方向和角度,确定最佳检测位置,并做上标记,以供今后的复测用,提高互比性和工作效率。

（6）记录被检设备的实际负荷电流、电压,被检物温度及环境参照体的温度值等。

3. 典型案例

2012 年 11 月 6 日,对某中压电缆线路两端的户外终端进行红外检测时,发现其终端有局部过热现象,中压电缆终端热像图如图 3-17 所示,通过安排红外测温复测,排除了终端发热缺陷发展的风险。

图 3-17　中压电缆终端热像图

检测时,按精确检测要求进行,调节电平为电缆终端本体温度,温宽范围为 3~8K,分析时应注意排除均压表面污秽引起发热的原因,缺陷电缆终端伞裙区域过热。分析方法为同类比较判断法；缺陷类型判断为危急缺陷,与正常相及正常部位比较温差≥0.5 或相对温差 δ >20%；缺陷类别为电压致热型。判断该电缆终端应力锥部有局部放电。对该电缆终端进行带电局部放电试验，确认原因后进行处理。

二、超声波局部放电检测

1. 技术原理

当电缆发生局部放电时，放电区域中分子间产生剧烈撞击，在宏观上体现为一种压力。由于放电是一连串脉冲形式，因此产生的压力波也是脉冲形式，并含有各频率分量，包括宽频带声波。在固体介质中，局部放电形成电树枝的过程也会伴随着微弱的爆破，爆破产生的压力变化也会产生声波。大量聚乙烯材料试验证明，声压大小与电树枝的增长率有关，树枝增长越快时，测得的声压越高。

声信号是一种振动波，声波在传播过程中会引起介质（空气、设备外壳等）的振动。进行局部放电检测时，测试人员通常将超声传感器（声电换能器）通过导电硅脂粘附在设备外壳上，然后通过信号处理技术对采集的信号进行放大、滤波，并通过诊断系统对检测结果进行分析并显示诊断结果。

超声波局部放电检测示意及现场如图 3-18 所示。

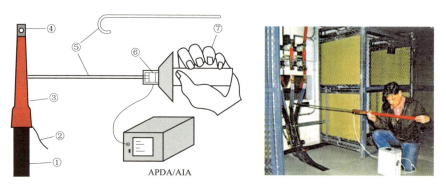

图 3-18　超声波局部放电检测示意及现场

①—电缆；②—接地线；③—电缆终端；④—导体；⑤—玻璃纤维；⑥—压电传感器；⑦—绝缘手柄

检测设备首先对经由超声传感器测得的局部放电信号进行放大和滤波，其次通过数据采集处理子系统进行 A/D 转换、数据采集和数据处理，最后将数据传输到上位机，通过专家诊断系统分析、判断并显示检测结果。在数据处理阶段，检测设备通过各种 DSP 算法获取诸如有效值、周期峰值、50Hz 频率分量、100Hz 频率分量等特征值，检测人员通过分析这些特征值的大小及其相互关系来判断局部放电水平及其类型。

2. 试验要求

超声波局部放电检测对环境的要求如下：

（1）检测目标及环境的温度宜为 −10～+40℃。

（2）空气湿度不宜大于 90%，若在室外不应在有雷、雨、雾、雪的环境下进行检测。

（3）在电缆设备上无各种外部作业。

超声波局部放电检测对仪器的要求如下：

（1）在检测时，须保证仪器电量充足。

（2）检测中应保持超声波传感器正对检测对象，并避免超声波传感器受到损伤。

超声波局部放电现场检测部位可于电缆本体、中间接头、终端等处设置测试点。测试点的选取务必注意带电设备安全距离并保持每次测试点位置一致，以便于进行比较分析。

超声波局部放电现场检测步骤为：

（1）检测前正确安装仪器各配件，连接接触式或非接触式传感器。

（2）对检测部位进行接触或非接触式检测。检测过程中，传感器放置应避免摩擦，以减少摩擦产生的干扰。

（3）对于可调频率检测仪器：开启性能调节开关，在收到频率指示后调节频率到 40kHz，对设备进行非接触式检测；对于可调频率检测仪器：开启性能调节开关，在收到频率指示后调节频率到 20kHz，对设备进行接触式检测。

（4）做好测量数据记录。若存在异常，则应进行多点检测，查找信号最大点的位置，并出具检测报告。

3. 典型案例

测量前，由试验人员对 10kV 某线路 1 号分支箱进线 B 相电缆进行超声波检测，如图 3−19 所示，测量的背景信号均为 0.2mV、周期峰值 0.85mV。

图 3−19　10kV 某线路 1 号分支箱进线 B 相电缆现场照片

测量时，由试验专业人员对 10kV 某线路 1 号分支箱进线 B 相电缆电压互感器上部、中部及下部的同一水平位置进行多点反复测试后，得到测试图谱和相位模式下的测试图谱。

在连续模式下的测试图谱和相位模式下的测试图谱如图 3-20 和图 3-21 所示。

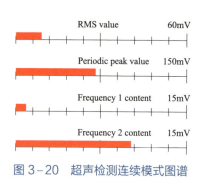

图 3-20 超声检测连续模式图谱

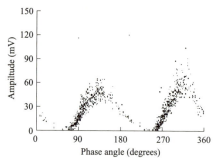

图 3-21 超声检测相位模式图谱

结果分析：在连续模式图谱中可以看到信号周期峰值和有效值均很大，但周期峰值明显大于有效值，可知检测到脉冲信号。同时，100Hz 频率成分很明显，50Hz 频率成分相对较弱，因此可初步判定电缆接头中可能存在局放缺陷；观察相位图谱在一个周期有两簇信号的集中区，说明缺陷处一个周期发生两次放电，这与连续模式下的图谱相符。由此可以进一步验证电缆接头中可能存在局放缺陷。

三、暂态地电压局部放电检测

1. 技术原理

局部放电发生时，柜体肌肤效应作用，在金属断开或绝缘连接处，电磁波转移至外表面进而发射到外界环境中；电磁波上升沿碰到金属外表面，产生暂态对地电压。

2. 试验要求

（1）一般与开关柜、环网柜设备同时进行检测。

（2）暂态地电压局部放电检测判据见表 3-6。

表 3-6　　　　　　　　　　　暂态地电压局部放电检测判据

检测判据	评价结论
（1）若开关柜检测结果与环境背景值的差值≤20dBmV （2）若开关柜检测结果与历史数据的差值≤20dBmV （3）若本开关柜检测结果与邻近开关柜检测结果的差值≤20dBmV	正常

续表

检测判据	评价结论
（1）若开关柜检测结果与环境背景值的差值＞20dBmV （2）若开关柜检测结果与历史数据的差值＞20dBmV （3）若本开关柜检测结果与邻近开关柜检测结果的差值＞20dBmV	异常

3. 典型案例

2019 年 1 月 28 日，巡视人员对某开闭所开关柜进行局部放电检测。

（1）发现严重缺陷 9 起，均为原有缺陷跟踪，缺陷情况见表 3-7。

表 3-7　　　　　缺　陷　情　况

序号	缺陷描述	疑似缺陷	缺陷发现情况	缺陷性质	状态评价
1	151 柜上部存在异常超声波信号，信号最大值为 12dB/19dB/−13dB/−7dB，相比于前次检测幅值无明显变化	沿面放电	原有缺陷跟踪	严重缺陷	异常状态
2	112 柜上部存在异常超声波信号，信号最大值为 13dB/21dB/−6dB/0dB，相比于前次检测幅值（最大为 15dB/25dB/1dB/0dB）有所下降	沿面放电	原有缺陷跟踪	严重缺陷	异常状态
3	169 柜上部存在异常超声波信号，信号最大值为 17dB/23dB/−10dB/−4dB，相比于前次检测幅值无明显变化	沿面放电	原有缺陷跟踪	严重缺陷	异常状态
4	110 柜上部存在异常超声波信号，信号最大值为 16dB/23dB/−15dB/−10dB，相比于前次检测幅值无明显变化	沿面放电	原有缺陷跟踪	严重缺陷	异常状态
5	100 柜上部存在异常超声波信号，信号最大值为 16dB/23dB/−6dB/0dB，相比于前次检测幅值（最大为 21dB/30dB/2dB/11dB）有所下降	沿面放电	原有缺陷跟踪	严重缺陷	异常状态
6	121 柜上部存在异常超声波信号，信号最大值为 12dB/22dB/−13dB/−1dB，相比于前次检测幅值（最大为 18dB/29dB/1dB/8dB）有所下降	沿面放电	原有缺陷跟踪	严重缺陷	异常状态
7	160 柜上部存在异常超声波信号，信号最大值为 16dB/23dB/−15dB/−4dB，相比于前次检测幅值无明显变化	沿面放电	原有缺陷跟踪	严重缺陷	异常状态
8	152 柜上部存在异常超声波信号，信号最大值为 15dB/23dB/−4dB/0dB，相比于前次检测幅值（4dB/11dB/−13dB/−15dB）明显增大	沿面放电	原有缺陷跟踪	严重缺陷	异常状态
9	102 柜上部存在异常超声波信号，信号最大值为 16dB/26dB/0dB/2dB，相比于前次检测幅值（20dB/31dB/8dB/6dB）有所下降	沿面放电	原有缺陷跟踪	严重缺陷	异常状态

（2）处理建议。开闭所内所有开关柜的上部均存在异常超声波信号，判断柜内母线仓仍存在局部放电，建议尽快安排检修。由于电缆仓加装的除湿器对超

声波检测有较大干扰，故无法准确判断电缆仓内目前的具体情况。

（3）检测数据分析见表3-8。

表3-8　　　　　　　　检 测 数 据 分 析

工区名称	××	电压等级	10kV	测试仪器	PDS－T90
设备名称	151、112、169、110、100、121、160、152、102 柜					
制造厂商	××		型号规格		××
额定电流	/		额定频率		50Hz
出厂日期	/		投运日期		/
设备名称	102 柜					
制造厂商	SIEMENS		型号规格		SIMOSEC12
额定电流	/		额定频率		50Hz
出厂日期	2015 年 8 月		投运日期		/

检测信息

异常信号位置	所有开关柜的母线仓			
背景信号 dB	7dB			
151 柜局部放电信息	检测时间	地电波信号（dB）	超声信号（dB）	特高频信号（dB）
	2019.1.28	18dB	12dB/19dB/－13dB/－7dB	0dB
112 柜局部放电信息	检测时间	地电波信号（dB）	超声信号（dB）	特高频信号（dB）
	2019.1.28	19dB	13dB/21dB/－6dB/0dB	0dB
169 柜局部放电信息	检测时间	地电波信号（dB）	超声信号（dB）	特高频信号（dB）
	2019.1.28	19dB	17dB/23dB/－10dB/－4dB	0dB
110 柜局部放电信息	检测时间	地电波信号（dB）	超声信号（dB）	特高频信号（dB）
	2019.1.28	19dB	16dB/23dB/－15dB/－10dB	0dB
100 柜局部放电信息	检测时间	地电波信号（dB）	超声信号（dB）	特高频信号（dB）
	2019.1.28	21dB	16dB/23dB/－6dB/0dB	0dB
121 柜局部放电信息	检测时间	地电波信号（dB）	超声信号（dB）	特高频信号（dB）
	2019.1.28	24dB	12dB/22dB/－13dB/－1dB	0dB
160 柜局部放电信息	检测时间	地电波信号（dB）	超声信号（dB）	特高频信号（dB）
	2019.1.28	23dB	16dB/23dB/－15dB/－4dB	0dB
152 柜局部放电信息	检测时间	地电波信号（dB）	超声信号（dB）	特高频信号（dB）
	2019.1.28	22dB	15dB/23dB/－4dB/0dB	0dB
102 柜局部放电信息	检测时间	地电波信号（dB）	超声信号（dB）	特高频信号（dB）
	2019.1.28	20dB	16dB/26dB/0dB/2dB	0dB

续表

图谱分析

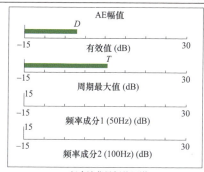

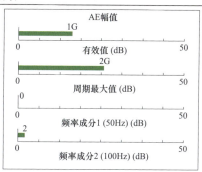

超声波背景幅值图谱　　　　　　102 柜后上部超声波幅值图谱

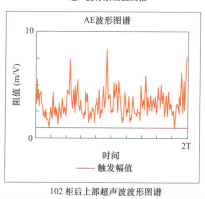

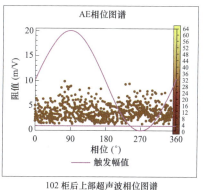

102 柜后上部超声波波形图谱　　　　102 柜后上部超声波相位图谱

（4）室内开关柜照片及102柜后上部超声信号最大处分别如图3-22和图3-23所示。

图3-22　室内开关柜照片　　　　图3-23　102柜后上部超声信号最大处

（5）诊断分析和缺陷性质。开闭所内所有开关柜的上部均存在异常超声波信号，信号幅值最大为26dB，判断室内所有开关柜内母线仓仍存在沿面放电，多数开关柜的超声波幅值较前次检测无明显变化。由于电缆仓加装的除湿器对超声波检测有较大干扰，无法准确判断电缆仓内目前的具体情况。

四、金属屏蔽接地电流检测

1. 技术原理

金属屏蔽接地电流检测主要通过电流互感器或电流表实现。电流互感器是依据电磁感应原理将一次侧大电流转换成二次侧小电流来测量的仪器。电流互感器是由闭合的铁芯和绕组组成。一次侧绕组匝数很少，串在需要测量的电流的线路中。经常有线路的全部电流流过，二次侧绕组匝数比较多，串接在测量仪表和保护回路中，电流互感器在工作时，二次侧回路始终是闭合的，因此测量仪表和保护回路串联线圈的阻抗很小，电流互感器的工作状态接近短路。电流互感器把一次侧大电流转换成二次侧小电流来测量，二次侧不可开路。

2. 试验要求

采用在线监测装置或钳形电流表对电缆金属屏蔽接地电流和负荷电流进行测量。

单芯电缆线路接地电流应同时满足以下要求：

（1）绝对值小于 100A。

（2）与负荷电流比值小于 20%，与历史数据比较无明显变化。

（3）单相接地电流最大值与最小值的比值小于 3。

3. 典型案例

2021 年 9 月 12 日，对某 35kV 线路进行了金属屏蔽接地电流检测，检测现场如图 3-24 所示，检测金属屏蔽接地电流绝对值为 3.1A，小于负荷电流的 20%，检测结果正常，判断该线路可正常运行。

图 3-24　检测现场

五、接地电阻检测

1. 技术原理

测量接地电阻的方法主要包括电位降法和电流—电压表三极法，其中电流—电压表三极法中又分为直线法和夹角法。大型接地装置接地阻抗的测试中主要采用电流—电压表三极法中的夹角法及电位降法，如果条件所限无法呈夹角放置时，应注意使电流线和电位线保持尽量远的距离，以减小互感耦合对测试结果的影响。电位降法主要适用于区域水平段较分明的情况。

2. 试验要求

（1）可采用接地电阻测试仪测量接地电阻，接线如图 3-25 所示。

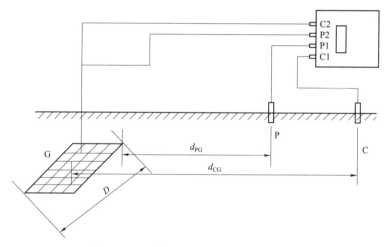

图 3-25　接地阻抗测试仪接线示意图

G—被试接地装置；C—电流极；P—电位极；D—被试接地装置最大对角线长度；
d_{CG}—电流极与被试接地装置中心的距离；d_{PG}—电位极与被试接地装置边缘的距离。

（2）电缆线路接地电阻测试结果不应大于 10Ω 且不大于初值的 1.3 倍。

六、主绝缘及外护套绝缘电阻检测

电缆主绝缘及外护套绝缘电阻测量方法同交接试验中的主绝缘及外护套绝缘电阻测量方法，且要求主绝缘绝缘电阻与上次测量值不应有显著下降，电缆外护套绝缘电阻不低于 $0.5M\Omega \cdot km$，必要时进行诊断性试验。试验方法见第三章第一节。

习　题

1. 简答：简述红外测温检测的基本原理。

2. 简答：简述超声波局部放电检测的基本原理。

3. 简答：简述暂态地电压局部放电检测的基本原理。

第四章

电缆运行维护

第一节　电缆及通道巡视与维护

学习目标

1. 掌握电缆及通道运维的基本要求
2. 掌握电缆及通道巡视的要求
3. 掌握巡视周期
4. 掌握电缆及通道巡视检查要求及内容、注意事项及工器具

知识点

巡视是指为提高电缆线路的安全可靠性,及时发现电缆线路可能存在的缺陷或隐患,为电缆线路维护、检修及状态评价等提供依据,运行人员根据运行状态对管辖范围内的电力电缆线路进行的经常性观测、检查、记录等工作。

维护是指运行单位依据电缆线路的状态监测和试验结果、状态评价结果,考虑设备风险因素,动态制订设备的维护检修计划,合理安排状态检修计划和内容。

一、运维基本要求

（1）电缆及通道运行维护工作应贯彻安全第一、预防为主、综合治理的方针,严格执行 Q/GDW 1799 的有关规定。

（2）运维人员应熟悉《中华人民共和国电力法》《电力设施保护条例》《电力设施保护条例实施细则》及《国家电网公司电力设施保护工作管理办法》等国家法律、法规和公司有关规定。

（3）运维人员应掌握电缆及通道状况，熟知有关规程制度，定期开展分析，提出相应的事故预防措施并组织实施，提高设备安全运行水平。

（4）运维人员应经过技术培训并取得相应的技术资质，认真做好所管辖电缆及通道的巡视、维护和缺陷管理工作，建立健全技术资料档案，做到齐全、准确，与现场实际相符。

（5）运维单位应参与电缆及通道的规划、路径选择、设计审查、设备选型及招标等工作。根据历年反事故措施、安全措施的要求和运行经验，提出改进建议，力求设计、选型、施工与运行协调一致。应按相关标准和规定对新投运的电缆及通道进行验收。

（6）运维单位应建立岗位责任制，明确分工，做到每回电缆及通道有专人负责。每回电缆及通道应有明确的运维管理界限，应与发电厂、变电所、架空线路、开闭所和临近的运行管理单位（包括用户）明确划分分界点，不应出现空白点。

（7）运维单位应全面做好电力电缆及通道的巡视检查、安全防护、状态管理、维护管理和验收工作，并根据设备运行情况，制定工作重点，解决设备存在的主要问题。

（8）运维单位应开展电力设施保护宣传教育工作，建立和完善电力设施保护工作机制和责任制，加强电力电缆及通道保护区管理，防止外力破坏。在邻近电力电缆及通道保护区的打桩、深基坑开挖等施工，应要求对方做好电力设施保护。

（9）运维单位对易发生外力破坏、偷盗的区域和处于洪水冲刷区易坍塌等区域内的电缆及通道，应加强巡视，并采取针对性技术措施。

（10）运维单位应建立电力电缆及通道资产台账，定期清查核对，保证账物相符。对与公用电网直接连接的且签订代维护协议的用户电缆应建立台账。

（11）运维单位应积极采用先进技术，实行科学管理。新材料和新产品应通过标准规定的试验、鉴定或工厂评估合格后方可挂网试用，在试用的基础上逐步推广应用。

二、电缆及通道巡视

（1）运维单位对所管辖电缆及通道，均应指定专人巡视，同时明确其巡视的范围、内容和安全责任，并做好电力设施保护工作。

（2）运维单位应编制巡视检查工作计划，计划编制应结合电缆及通道所处环境、巡视检查历史记录以及状态评价结果。电缆及通道巡视记录表见表4-1。

表4-1　　　　　　　　　　　　电缆及通道巡视记录表

序号	巡视对象	
1	电缆	
2	附件	终端
		电缆接头
3	附属设备	避雷器
		35kV单芯电缆线路的接地装置
		在线监测装置
4	附属设施	电缆支架
		终端站
		标识和警示牌
		防火设施
5	电缆通道	直埋
		电缆沟
		隧道
		工作井
		排管（拖拉管）
		桥架和桥梁
		水底电缆
6	电缆保护区内情况	

（3）运维单位对巡视检查中发现的缺陷和隐患进行分析，及时安排处理并上报上级生产管理部门。

（4）运维单位应将预留通道和通道的预留部分视作运行设备，使用和占用应履行审批手续。

（5）巡视检查分为定期巡视、故障巡视、特殊巡视三类。

1）定期巡视包括对电缆及通道的检查，可以按全线或区段进行。巡视周期相对固定，并可动态调整。电缆和通道的巡视可按不同的周期分别进行。

2）故障巡视应在电缆发生故障后立即进行，巡视范围为发生故障的区段或全线。对引发事故的证物证件应妥为保管设法取回，并对事故现场应进行记录、拍摄，以便为事故分析提供证据和参考。

3）特殊巡视应在气候剧烈变化、自然灾害、外力影响、异常运行和对电网安全稳定运行有特殊要求时进行，巡视的范围视情况可分为全线、特定区域和个别组件。对电缆及通道周边的施工行为应加强巡视，已开挖暴露的电缆线路，应缩短巡视周期，必要时安装移动视频监控装置进行实时监控或安排人员看护。

三、巡视周期的确定原则

运维单位应根据电缆及通道特点划分区域，结合状态评价和运行经验确定电缆及通道的巡视周期。同时依据电缆及通道区段和时间段的变化，及时对巡视周期进行必要的调整。

（1）35kV及以下电缆通道外部及户外终端巡视：每一个月巡视一次。

（2）发电厂、变电站内电缆通道外部及户外终端巡视：每三个月巡视一次。

（3）电缆通道内部巡视：每三个月巡视一次。

（4）电缆巡视：每三个月巡视一次。

（5）35kV及以下开关柜、分支箱、环网柜内的电缆终端结合停电巡视检查一次。

（6）单电源、重要电源、重要负荷、网间联络等电缆及通道的巡视周期不应超过半个月。

（7）对通道环境恶劣的区域，如易受外力破坏区、偷盗多发区、采动影响区、易塌方区等应在相应时段加强巡视，巡视周期一般为半个月。

（8）水底电缆及通道应每年至少巡视一次。

（9）对于城市排水系统泵站供电电源电缆，在每年汛期前进行巡视。

（10）电缆及通道巡视应结合状态评价结果，适当调整巡视周期。

四、电缆巡视检查要求及内容

（1）电缆巡视应沿电缆逐个接头、终端建档进行，并实行立体式巡视，不得出现漏点（段）。

（2）电缆巡视检查的要求及内容按照表4-2执行。

表 4-2   电缆巡视检查要求及内容

巡视对象	部件	要求及内容
电缆本体	本体	（1）是否变形。 （2）表面温度是否过高
	外护套	是否存在破损情况和龟裂现象
附件	电缆终端	（1）套管外绝缘是否出现破损、裂纹，是否有明显放电痕迹、异味及异常响声。 （2）电缆终端、设备线夹、与导线连接部位是否出现发热或温度异常现象。 （3）固定件是否出现松动、锈蚀。 （4）电缆终端及附近是否有不满足安全距离的异物。 （5）电缆终端引流线是否过紧
	电缆接头	（1）是否浸水。 （2）外部是否有明显损伤及变形。 （3）底座支架是否存在锈蚀和损坏情况，支架应稳固是否存在偏移情况。 （4）是否有防火阻燃措施。 （5）是否有铠装或其他防外力破坏的措施
	避雷器	（1）避雷器是否存在连接松动、破损、连接引线断股、脱落、螺栓缺失等现象。 （2）避雷器动作指示器是否存在图文不清、进水和表面破损、误指示等现象。 （3）避雷器均压环是否存在缺失、脱落、移位现象。 （4）避雷器底座金属表面是否出现锈蚀或油漆脱落现象。 （5）避雷器是否有倾斜现象，引流线是否过紧。 （6）避雷器连接部位是否出现发热或温度异常现象
	35kV 单芯电缆线路的接地装置	（1）35kV 单芯电缆线路的接地箱箱体（含门、锁）是否缺失、损坏，基础是否牢固可靠。 （2）主接地引线是否接地良好，焊接部位是否做防腐处理。 （3）接地类设备与 35kV 单芯电缆线路的接地箱接地母排及接地网是否连接可靠，是否松动、断开。 （4）35kV 单芯电缆线路的同轴电缆、接地单芯引线或回流线是否缺失、受损
附属设施	在线监测装置	（1）在线监测硬件装置是否完好。 （2）在线监测装置数据传输是否正常。 （3）在线监测系统运行是否正常
	电缆支架	（1）电缆支架应稳固，是否存在缺失、锈蚀、破损现象。 （2）电缆支架接地是否良好
	标识标牌	（1）电缆线路铭牌、接地箱铭牌、警告牌、相位标识牌是否缺失、清晰、正确。 （2）路径指示牌（桩、砖）是否缺失、倾斜
	防火设施	（1）防火槽盒、防火涂料、防火阻燃带是否存在脱落。 （2）变电所或电缆隧道出入口是否按设计要求进行防火封堵措施

五、通道巡视检查要求及内容

（1）通道巡视应对通道周边环境、施工作业等情况进行检查，及时发现和掌握通道环境的动态变化情况。

（2）在确保对电缆巡视到位的基础上，宜适当增加通道巡视次数，对通道上的各类隐患或危险点安排定点检查。

（3）对电缆及通道靠近热力管或其他热源、电缆排列密集处，应进行电缆环境温度、土壤温度和电缆表面温度监视测量，以防环境温度或电缆过热对电缆产生不利影响。

（4）通道巡视检查要求及内容按照表4-3执行。

表4-3　　　　　　　　　通道巡视检查要求及内容

巡视对象		要求及内容
通道	直埋	（1）电缆相互之间，电缆与其他管线、构筑物基础等最小允许间距是否满足要求。 （2）电缆周围是否有石块或其他硬质杂物以及酸、碱强腐蚀物等
	电缆沟	（1）电缆沟墙体是否有裂缝，附属设施是否故障或缺失。 （2）竖井盖板是否缺失，爬梯是否锈蚀、损坏。 （3）电缆沟接地网接地电阻是否符合要求
	隧道	（1）隧道出入口是否有障碍物。 （2）隧道出入口门锁是否锈蚀、损坏。 （3）隧道内是否有易燃、易爆或腐蚀性物品，是否有引起温度持续升高的设施。 （4）隧道内地坪是否倾斜、变形及渗水。 （5）隧道墙体是否有裂缝，附属设施是否故障或缺失。 （6）隧道通风亭是否有裂缝、破损。 （7）隧道内支架是否锈蚀、破损。 （8）隧道接地网接地电阻是否符合要求。 （9）隧道内电缆位置是否正常，有无扭曲，外护层有无损伤，电缆运行标识是否清晰齐全；防火墙、防火涂料、防火包带是否完好无缺，防火门开启是否正常。 （10）隧道内电缆接头有无变形，防水密封良好；35kV单芯电缆线路的接地箱有无锈蚀，是否密封、固定良好。 （11）隧道内35kV单芯电缆线路的同轴电缆、保护电缆、接地电缆外皮有无损伤，是否密封良好、接触牢固。 （12）隧道内接地引线有无断裂，紧固螺丝有无锈蚀，接地是否可靠。 （13）隧道内电缆固定夹具构件、支架有无缺损、无锈蚀，是否牢固无松动。 （14）现场检查有无白蚁、老鼠咬伤电缆。 （15）隧道投料口、线缆孔洞封堵是否完好。 （16）隧道内其他管线有无异常状况。 （17）隧道通风、照明、排水、消防、通信、监控、测温等系统或设备是否运行正常，是否存在隐患和缺陷
	工作井	（1）接头工作井内是否长期存在积水现象，地下水位较高、工作井内易积水的区域敷设的电缆是否采用阻水结构。 （2）工作井是否出现基础下沉、墙体坍塌、破损现象。 （3）盖板是否存在缺失、破损、不平整现象。 （4）盖板是否压在电缆本体、接头或者配套辅助设施上。 （5）盖板是否影响行人、过往车辆安全
	排管	（1）排管包封是否破损、变形。 （2）排管包封混凝土层厚度是否符合设计要求的，钢筋层结构是否裸露。 （3）预留管孔是否采取封堵措施

续表

巡视对象		要求及内容
通道	电缆桥架	（1）电缆桥架电缆保护管、沟槽是否脱开或锈蚀，盖板是否有缺损。 （2）电缆桥架是否出现倾斜、基础下沉、覆土流失等现象，桥架与过渡工作井之间是否产生裂缝和错位现象。 （3）电缆桥架主材是否存在损坏、锈蚀现象
	水底电缆	（1）水底电缆管道保护区内是否有挖砂、钻探、打桩、抛锚、拖锚、底拖捕捞、张网、养殖或者其他可能破坏海底电缆管道安全的水上作业。 （2）水底电缆管道保护区内是否发生违反航行规定的事件。 （3）临近河（海）岸两侧是否有受潮水冲刷的现象，电缆盖板是否露出水面或移位，河岸两端的警告牌是否完好
	其他	（1）电缆通道保护区内是否存在土壤流失，造成排管包封、工作井等局部点暴露或者导致工作井、沟体下沉、盖板倾斜。 （2）电缆通道保护区内是否修建建筑物、构筑物。 （3）电缆通道保护区内是否有管道穿越、开挖、打桩、钻探等施工。 （4）电缆通道保护区内是否被填埋。 （5）电缆通道保护区内是否倾倒化学腐蚀物品。 （6）电缆通道保护区内是否有热力管道或易燃易爆管道泄漏现象。 （7）终端塔（杆）周围有无影响电缆安全运行的树木、爬藤、堆物及违章建筑等

六、通道维护

1. 一般要求

（1）通道维护主要包括通道修复、加固、保护和清理等工作。

（2）通道维护原则上不需停电，宜结合巡视工作同步完成。

（3）维护人员在工作中应随身携带相关资料、工具、备品备件和个人防护用品。

（4）在通道维护可能影响电缆安全运行时，应编制专项保护方案，施工时应采取必要的安全保护措施，并应设专人监护。

2. 维护内容

（1）更换破损的井盖、盖板、保护板，补全缺失的井盖、盖板、保护板。

（2）维护工作井止口。

（3）清理通道内的积水、杂物。

（4）维护隧道人员进出竖井的楼梯（爬梯）。

（5）维护隧道内的通风、照明、排水设置和低压供电系统。

（6）维护电缆沟及隧道内的阻火隔离设施、消防设施。

（7）修剪、砍伐电缆终端塔（杆）周围安全距离不足的树枝和藤蔓。

（8）修复存在连接松动、接地不良、锈蚀等缺陷的接地引下线。

（9）更换缺失、褪色和损坏的标桩、警示牌和标识标牌，及时校正倾斜的标桩、警示牌和标识标牌。

（10）对锈蚀电缆支架进行防腐处理，更换或补装缺失、破损、严重锈蚀的支架部件。

（11）保护运行电缆管沟可采用贝雷架（见图4-1）、工字钢（见图4-2）等设施，做好悬吊、支撑保护，悬吊保护时应对电缆沟体或排管进行整体保护，禁止直接悬吊裸露电缆。

图4-1　贝雷架提吊现场图

图4-2　工字钢提吊现场图

（12）绿化带或人行道内的电缆通道改变为慢车道或快车道，应进行迁改。在迁改前应要求相关方根据承重道路标准采取加固措施，对工作井、排管、电缆沟体进行保护。

（13）有挖掘机、吊车等大型机械通过非承重电缆通道时，应要求相关方采取上方垫设钢板等保护措施，保护措施应防止噪声扰民。

（14）电缆通道所处环境改变致使工作井或沟体的标高与周边不一致，应采取预制井筒或现浇方式将工作井或沟体标高进行调整。

七、巡视注意事项及工器具

（1）电缆及通道巡视期间，应对进入有限空间的检查、巡视人员开展安全交底、危险点告知等，交底告知内容包括：

1）有限空间存在的危险点、控制措施和安全注意事项。

2）进出有限空间的程序及相关手续。

3）检测仪器和个人防护用品等设备的正确使用方法。

4）应急逃生预案。

（2）为检查、巡视人员配备符合国家标准要求的检测设备、照明设备、通信设备、应急救援设备和个人防护用品，每人一份，个人防护用品表见表4-4。

表4-4　　　　　　　　个人防护用品表

序号	个人防护用品
1	便携式气体检测仪，应选用氧气、可燃气、硫化氢、一氧化碳四合一复合型气体检测仪
2	头盔灯或手电（防爆型）
3	对讲机
4	正压隔绝式逃生呼吸器
5	安全帽、手套等
6	测距仪
7	胶鞋（通道有淤泥或积水时）

（3）安全措施要求。

1）进入有限空间前，应先进行机械通风。有限空间仅有1个进出口时，应将通风设备出风口置于作业区域底部进行送风。有限空间有2个或2个以上进出口、通风口时，应在邻近作业人员处进行送风，远离作业人员处进行排风，且出风口应远离有限空间进出口，防止有害气体循环进入有限空间。

2）机械通风后，经气体检测合格后方可进入，气体检测报警仪的使用应严格按照使用说明书和相关规范的要求操作。

3）进入有限空间，通道内应始终保持机械通风，人员携带的便携式气体检测仪应开启并连续监测气体浓度。

4）通道内应急逃生标识标牌挂设应准确，逃生路径应通畅，应急逃生口应开启并设专人驻守。

5）照明、排水、消防、有毒气体等设备应运行正常且监测数据符合要求。

6）广播系统或有线电话等应急通信系统应运行正常。

7）消防系统应调整至手动状态，并派专人值守。

8）监控中心应设置专人监护。

习 题

1. 填空：巡视检查分为_____、_____、_____三类。

2. 填空：35kV 及以下电缆通道外部及户外终端巡视：每____个月巡视一次。

3. 填空：电缆巡视：每____个月巡视一次。

4. 填空：电缆通道内部巡视：每____个月巡视一次。

5. 填空：单电源、重要电源、重要负荷、网间联络等电缆及通道的巡视周期不应超过____个月。

第二节 电缆状态评价及检修

学习目标

1. 掌握状态信息收集、状态评价内容及结果
2. 掌握缺陷类型和消缺时间要求
3. 掌握状态检修的分类

知 识 点

电缆状态评价及检修工作主要包含状态信息收集、状态评价内容、状态评价结果、缺陷管理及状态检修等环节。运维单位应以现有配电网设备数据为基础，采用各类信息化管理手段（如配电自动化系统、用电信息采集系统等），以及各类带电检（监）测（如红外检测、开关柜局部放电检测等）、停电试验手段，利用配电网设备状态检修辅助决策系统开展设备状态评价，掌握设备的异常征兆与劣化信息，在设备发生故障前采取针对性措施控制，防止故障发生，减少故障停运时间与停运损失，提高设备利用率和供电可靠性，并进一步指导优化配电网运维、检修工作。应积极开展配电网设备状态评价工作，配备必要的仪器设备，并安排专人负责。设备应自投入运行之日起纳入状态评价工作。

一、状态信息收集

（1）状态信息收集应坚持准确性、全面性、时效性的原则，各相关专业部门应根据运维单位需要及时提供信息资料。

（2）状态信息收集应通过多种渠道获得，如通过现场巡视、现场检测（试验）、业扩报装、信息系统、客服热线、市政规划建设等获取配电网设备的运行情况与外部运行环境等信息。

（3）运维单位应制订定期收集配电网运行信息的方法，对于收集的信息，运维单位应进行初步的分类、分析判断与处理，为开展状态评价提供正确依据。

（4）设备信息收集包括投运前信息、运行信息、检修试验信息、家族缺陷信息。

1）投运前信息主要包括设备台账、招标技术规范、出厂试验报告、交接试验报告、安装验收记录、新（扩）建工程有关图纸等纸质和电子版资料。

2）运行信息主要包括设备巡视、维护、单相接地、故障跳闸、缺陷记录，在线监测和带电检测数据，以及不良工况信息等。

3）检修试验信息主要包括例行试验报告、诊断性试验报告、专业化巡检记录、缺陷消除记录及检修报告等。

4）家族缺陷信息指经公司或各省（区、市）公司认定的同厂家、同型号、同批次设备（含主要元器件）由于设计、材质、工艺等共性因素导致缺陷的信息。

二、状态评价内容

（1）依据状态评价结果，针对电缆及通道运行状况，实施状态管理工作。

（2）对于自身存在缺陷和隐患的电缆及通道，应加强跟踪监视，增加带电检测频次，及时掌握隐患和缺陷的发展状况，采取有效的防范措施。有条件时可对重要电缆线路采用带电检测或在线监测等技术手段开展状态监测。

（3）对自然灾害频发和外力破坏严重区域，应采取差异化巡视策略，并制订有针对性的应急措施。

（4）恶劣天气和运行环境变化有可能威胁电缆及通道安全运行时，应加强巡视，并采取有效的安全防护措施，做好安全风险防控工作。

（5）设备状态评价应按照《电缆线路状态评价导则》（Q/GDW 456—2010）等技术标准，通过停电试验、带电检测、在线监测等技术手段，收集设备状态信息，应用状态检修辅助决策系统，开展设备状态评价。运维单位应开展定期评价和动态评价：

1）定期评价 35kV 及以上电缆一年一次，20kV 及以下特别重要电缆一年一次，重要电缆两年一次，一般电缆三年一次。

2）新设备投运后首次状态评价应在 1 个月内组织开展，并在 3 个月内完成。

3）故障修复后设备状态评价应在 2 周内完成。

4）缺陷评价随缺陷处理流程完成。家族缺陷评价在上级家族缺陷发布后 2 周内完成。

5）不良工况评价在设备经受不良工况后 1 周内完成。

6）特殊时期专项评价应在开始前 1～2 个月内完成。

三、状态评价结果

（1）设备状态评价结果分为以下四个状态：

1）正常状态。设备运行数据稳定，所有状态量符合标准。

2）注意状态。设备的几个状态量不符合标准，但不影响设备运行。

3）异常状态。设备的几个状态量明显异常，已影响设备的性能指标或可能发展成严重状态，设备仍能继续运行。

4）严重状态。设备状态量严重超出标准或严重异常，设备只能短期运行或需要立即停役。

（2）对于正常、注意状态设备，可适当简化巡视内容、延长巡视周期；对于架空线路通道、电缆线路通道的巡视周期不得延长。

（3）对于异常状态设备，应进行全面仔细地巡视，并缩短巡视周期，确保设备运行状态的可控、在控。

（4）对于严重状态设备，应进行有效监控。

（5）根据评价结果，按照《电缆线路状态检修导则》（Q/GDW 455—2010）等技术标准制定检修策略。

四、缺陷管理

缺陷主要发现途径包括巡视、检测、检修、交接验收等。运维单位应制订缺陷管理流程，对缺陷的上报、定性、处理和验收等环节实行闭环管理。根据对运行安全的影响程度和处理方式进行分类并记入生产管理系统。运维单位应定期开展缺陷统计分析工作，及时掌握缺陷消除情况和缺陷产生的原因，采取有针对性相应措施。

缺陷管理为闭环管理体制，包括从缺陷发现、缺陷审核、缺陷处理、验收闭环的全过程。运维班组发现缺陷后，逐级上报审核进行消缺。

电缆及通道缺陷分为危急缺陷、严重缺陷、一般缺陷三类。

（1）危急缺陷。严重威胁设备的安全运行，不及时处理随时有可能导致事故的发生，必须尽快消除或采取必要的安全技术措施进行处理的缺陷。

（2）严重缺陷。设备处于异常状态，可能随时发展成为事故，但设备仍可在一定时间内继续运行，须加强监视并进行大修处理的缺陷。

（3）一般缺陷。设备本身及周围环境出现不正常情况，一般不威胁设备的安全运行，可列入小修计划进行处理的缺陷。

消除时间的要求为危急缺陷消除时间不得超过一天，严重缺陷应在30天内消除，一般缺陷可结合检修计划尽快消除，但必须处于可控状态。

电缆及通道带缺陷运行期间，运维单位应加强监视，必要时制定相应应急措施。

五、状态检修

状态检修是指对电缆巡视、检测发现的状态量超过状态控制值的部位或区段进行检修维护和修理的过程，是企业以安全、环境、成本为基础，通过设备状态评价、风险评估、检修决策等手段开展设备检修工作，达到设备运行安全可靠、检修成本合理的一种检修策略。电缆线路状态检修工作内容包括停电、不停电测试和试验以及停电、不停电检修维护工作。

一般按照工作性质内容及工作涉及范围，可将电缆线路检修工作分为四类：A 类检修、B 类检修、C 类检修、D 类检修。其中 A、B、C 类检修是停电检修，D 类检修是不停电检修。

A 类检修是指电缆线路的整体解体性检查、维修、更换和试验。B 类检修是指电缆线路局部性的检修，部件的解体检查、维修、更换和试验。C 类检修是指对电缆线路常规性检查、维护和试验。D 类检修是指对电缆线路在不停电状态下的带电测试、外观检查和维修。电缆线路状态检修分类和项目见表 4-5。

表 4-5　　　　　　　　　电缆线路状态检修分类项目

检修分类	检修项目
A 类检修	（1）电缆更换。 （2）电缆附件更换
B 类检修	（1）主要部件更换及加装。 （2）更换少量电缆。 （3）更换部分电缆附件。 （4）其他部件批量更换及加装。 （5）主要部件处理。 （6）更换或修复电缆线路附属设备。 （7）修复电缆线路附属设施。 （8）诊断性试验。 （9）交直流耐压试验

续表

检修分类	检修项目
C 类检修	（1）绝缘子表面清扫。 （2）电缆主绝缘绝缘电阻测量。 （3）电缆线路过电压保护器检查及试验。 （4）金具紧固检查。 （5）护套及内衬层绝缘电阻测量。 （6）其他
D 类检修	（1）修复基础、护坡、防洪、防碰撞设施。 （2）带电处理线夹发热。 （3）更换 35kV 单芯电缆线路的接地装置。 （4）安装或修补附属设施。 （5）电缆附属设施接地联通性测量。 （6）红外测温。 （7）在线或带电测量。 （8）其他不需要停电试验项目

📋 案例分析

（一）案例概述

2020 年 6 月 22 日，某供电公司对所辖设备进行红外例行检测工作，发现某线路 1 号杆上 A 相电缆终端处发热，发热温度 42.4℃，相比正常相温升为 11.9℃，为电流型发热缺陷。

（二）案例分析

1. 现场检测

检测人员使用红外成像仪对 A 相电缆终端进行红外测温，如图 4−3 所示。

图 4−3　A 相电缆终端红外测温示意图

2. 数据分析

（1）温差对比。

温差为 $42.4 - 30.5 = 11.9℃$

分析：区域热点温度 T_1 为：42.4℃，正常相温度 T_2 为：30.5℃，环境温度 T_0 为：23℃，$\delta = (T_1 - T_2)/(T_1 - T_0) \times 100\% \approx 61\%$，故 A 相电缆终端为电流致热性一般缺陷。

（2）结论。A 相电缆终端螺栓接触不良引起发热。

3. 检修处理

2020 年 7 月 20 日，结合电网电系变更改接停电，对此电缆终端进行消缺，检修人员停电后现场检查三相终端接头处，发现 A 相桩头处接触不良，重新用砂皮打磨连接排，涂抹导电膏，更换并紧固桩头螺丝。

4. 消缺后红外测温复测

消缺后送电恢复运行，为再次确认消缺的结果，2020 年 10 月 3 日，对此户外终端进行跟踪红外测温复测，原发热点消除，未发现异常。

习　题

1. 填空：家族缺陷信息指经公司或各省（区、市）公司认定的_____、_____、_____设备（含主要元器件）由于设计、材质、工艺等共性因素导致缺陷的信息。

2. 填空：新设备投运后首次状态评价应在____个月内组织开展，并在____个月内完成。

3. 填空：危急缺陷消除时间不得超过____天，严重缺陷应在____天内消除，一般缺陷可结合检修计划尽快消除，但必须处于可控状态。

4. 填空：_____类检修是指对电缆线路在不停电状态下的带电测试、外观检查和维修。

5. 填空：保护运行电缆管沟可采用_____、_____等设施，做好悬吊、支撑保护，悬吊保护时应对电缆沟体或排管进行整体保护，禁止直接悬吊裸露电缆。

第三节 电缆隐患管理

学习目标

1. 熟悉隐患的含义、隐患与缺陷的关系
2. 了解隐患的分类方法及内容
3. 熟悉隐患的排查方式和风险分级
4. 掌握隐患的治理策略

知识点

隐患是指潜在的危险，有发生危险的可能。安全生产事故隐患（简称安全隐患）是指安全风险程度较高，可能导致事故发生的作业场所、设备及设施的不安全状态、非常态的电网运行工况、人的不安全行为及安全管理方面的缺失。

安全隐患与设备缺陷有延续性又有区别。超出设备缺陷管理制度《国家电网公司电网设备缺陷管理规定》[国网（运检/3）297—2014]规定的消缺周期仍未消除的设备危急缺陷和严重缺陷为安全隐患。对判定为安全隐患的设备缺陷，应继续按照公司及各单位的设备缺陷管理规定进行处理，同时纳入安全隐患管理。

一、排查方式及分级

（一）排查方式

1. 巡视排查

电缆及通道巡视对象包括电缆本体、附件、附属设备（含油路系统、交叉互联箱、接地箱、在线监测装置等）及附属设施（含直埋、排管、电缆沟、电缆隧道、桥梁及桥架等）等。

电缆及通道巡视分为定期巡视和非定期巡视，其中非定期巡视包括故障巡视、特殊巡视等。电力电缆及通道巡视应结合运行状态评价结果，适当调整巡视周期。

电缆发生故障后应立即进行故障巡视，具有交叉互联系统的电缆线路发生跳闸后，还应对交叉互联箱、接地箱进行巡视，并对同一用户供电的其他电缆线路开展巡视工作以保证用户供电安全。

遇到下列情况，应开展特殊巡视：

（1）设备重载或负荷徒增情况下。

（2）设备检修或改变运行方式后，重新投入系统运行或新安装的设备投运。

（3）根据检修或试验情况，有薄弱环节或可能存在缺陷。

（4）设备存在严重缺陷或缺陷有所发展时。

（5）存在外力破坏或恶劣气象条件下可能影响安全运行的情况。

（6）重要保障供电任务期间。

（7）其他电网安全稳定有特殊运行要求时。

2. 信息排查

信息排查包括内部信息排查和外部信息排查。内部信息主要包括各级属地管理供电所、信息员、护线驿站、护线员等内部人员和单位上报的隐患信息。外部信息主要包括政府相关合作部门提供的隐患信息，以及企业群众举报、95598热线等社会来源信息。

3. 内部协作排查

结合公司系统内的各种资源，充分发挥规划、建设、营销、安监、法律等部门职能，从工程报装环节对辖区内建设施工情况进行防隐患发生的预控，线路运检单位通过与各部门建立会签，排查客户审批项目在实施过程中是否有影响电缆及通道运行安全的情况发生。

4. 试验检测排查

试验包括交流耐压试验、震荡波局部放电、主绝缘及外护套绝缘电阻、测量金属屏蔽层电阻和导体的电阻比、检查电缆线路两端的相位。带电检测主要有红外测温、超声波局部放电检测。

5. 在线监测排查

在线监测主要包括对电缆和附件的运行温度、局部放电监测等，对电缆通道如重要的电缆隧道进行变形、沉降及水位、气体、温湿度等信息进行监测。

（二）隐患风险分级

电缆及通道的隐患按其风险程度和发展变化趋势可以将隐患分为四级：危急隐患、严重隐患、一般隐患和潜在隐患。

（1）危急隐患是指不立即制止，有可能立即或短时间内发生电缆事故的隐患。

（2）严重隐患是指短时间内不会对电缆线路安全运行造成危害，但随时威胁电缆线路的安全运行的隐患。

（3）一般隐患是指在短时间内不影响电缆线路的安全运行，但随着事件的发展可能威胁电缆线路的安全运行隐患。

（4）潜在隐患是指现在还无任何危险源特征，暂时不影响电网安全运行，但已有规划或有可能发展成为一般危险源及以上的隐患。

二、隐患治理策略

（一）隐患分类

开展"六防"（防火、防水、防外破、防过热、防附属设备异常、防有害气体）隐患排查及治理工作，可提升电缆线路的运维规范化水平。基于此将电缆线路及其通道的隐患分类为火灾隐患，积水、渗漏水隐患，外力破坏隐患，过热隐患，附属设备异常隐患，有毒有害气体隐患。

1. 火灾隐患

火灾隐患是指在电缆及其通道的设计、施工、运维过程中，不满足消防相关要求造成火灾的隐患。产生火灾的因素分为内部因素和外部因素。

（1）内部因素。电缆附件因制作工艺差导致发生短路接地故障，短路电弧引发火灾，如图 4-4 所示；电缆本体因质量较差（绝缘性能低下、三层共挤工艺质量差）导致短路故障引发火灾，如图 4-5 所示。

图 4-4　电缆附件制作工艺差

（2）外部因素。电缆通道内因存在易燃易爆气体，不规范的施工作业，低压线路短路，堆放易燃垃圾，丢放烟花炮竹等情况引发火灾；电缆通道内防火措施不符合运维或设计要求，防火措施包括设置防火墙、防火隔板、灭火弹（见图 4-6）、防火涂料、电缆保护管（见图 4-7）。

图 4-5 电缆的三层共挤工艺质量差

图 4-6 灭火弹失效

图 4-7 保护管非阻燃（农田烧荒）

2. 积水、渗漏水隐患

水患是电缆运维工作比较常见，电缆、附件、附属设备、电缆通道等在制造、设计、施工、运维等方面因不满足防水要求，造成电缆及通道存在积水、渗漏水隐患。

（1）电缆本体及附件进水。因无阻水结构、材料老化、长时间浸泡等原因造成水分子深入电缆本体、附件，在强电场的作用下，水分子会深入绝缘层内部，形成"水树枝"，从而降低绝缘的电气性能。当有直流电场的长期作用时，绝缘介质会发生电解性老化，若有水分子侵入，也会电离为氢离子和氧离子，加速电解性老化。电缆附件进水后，易发生电缆故障，如图4−8所示。

图4−8　电缆附件受潮进水

（2）电缆附属设备进水。主要包括接地系统、避雷器、在线监测装置、供油系统等附属设备进水。接地箱的防水密封性能较低使得积水或潮气进入箱体，从而导致箱体内的保护器、接地线线芯受潮或进水，影响电缆的安全运行。在线监测装置防水性能不满足要求，导致装置的电源接线受潮短路，电路板受损等。

（3）电缆沟道积水、渗漏水。主要有电缆通道墙体渗水（地下水位较高、临河或附近施工排水作业），电缆通道结构开裂、孔洞等未做防水封堵（见图4−9），地面雨水倒灌等情况，造成通道内出现积水、渗漏水现象，通道内进水是造成电缆本体、附件、附属设备进水的主要原因，因此在进行防水的隐患治理中要重点关注通道的防水治理。

3. 外力破坏隐患

防外力破坏主要是防止因外力造成电缆及通道处于不安全状态，外力破坏主要有盗窃、施工、塌方、船锚、异物等。因外力破坏造成的电缆及通道受损的比例是比较大，故防外力破坏是电缆运维工作中非常重要的内容。外力破坏具体可以分为以下几类：

图 4-9 电缆沟孔洞未封堵渗漏水

（1）盗窃及故意破坏。由于电缆及其附属设施、设备有其一定的经济价值，会存在电缆本体、接地箱接地线、电缆铜屏蔽层、回流线、金属支架等被盗窃的情况，如图 4-10 和图 4-11 所示。接地线、电缆铜屏蔽层、回流线被盗割会造成运行电缆发热或短路故障。

图 4-10 接地线被盗割

图 4-11 铜屏蔽层被盗割

（2）施工破坏。主要有使用大型的机械如挖掘机、非开挖式的拖拉管机具等在电缆及其保护区内进行暴力作业，造成电缆被挖断、电缆绝缘或外护套破损，电缆通道结构破坏，引起电缆故障或人身事故发生。

（3）塌方破损。由于电缆构筑物的结构受损、雨水冲刷等造成电缆沟道塌方，引起电缆及通道破坏。

（4）船锚破坏。主要是指在可通航的河流湖海，船舶非法在水底电缆的保护区内进行锚泊，造成电缆受损。

（5）异物破坏。风筝、气球、塑料布（袋）、树枝等异物造成电缆户外终端受损或接地故障。

4. 过热隐患

过热隐患是指电缆运行的环境温度过高、电缆温度过高导致电缆或附件受损，引起电缆故障。

（1）环境温度过高。电缆通道临近或交叉热力管道、电缆通道内电缆过多超出其承载力、通道内通风不畅、气候原因等造成运行环境温度高，电缆载流量降低，影响电缆安全运行。

（2）电缆温度过高。电缆的终端头、中间接头因附件质量差、制作工艺低引起附近局部发热。电缆本体因截面过小、直阻超标等造成电缆本体发热。因电缆未进行三角形排列、未按蛇形敷设、未按要求进行等间距设置接头，引起电缆金属护套的不平衡电流增加，引起电缆发热。电缆金属护套多点接地导致金属护套内的环流增大，引起电缆发热。

5. 附属设备异常隐患

附属设备指与电缆运行有关的避雷器、供油装置、接地装置、在线监测装置等。避雷器主要有受潮、引线脱落或断裂、瓷套受污等隐患，供油装置主要有漏油、油压过高或过低等隐患。接地装置主要有接地电阻不合格、接地线焊接电阻过高等隐患。在线监测装置主要有传感器误报、监测数据传输异常等隐患。

6. 有毒有害气体隐患

电缆沟、隧道、工作井、竖井等属于有限空间，因通风不畅、生活污水、有机质分解、天然气管道泄漏、污水管道泄漏、电缆失火等，造成有限空间内氧气不足、产生和聚集易燃易爆、有毒有害气体，严重威胁运维人员、设备的安全。电缆通道内的易燃易爆、有毒有害气体有甲烷、一氧化碳、二氧化碳、硫化物、氰化物、氯化物等。

（二）隐患治理

1. 火灾隐患治理

（1）电缆沟道的防火设计如防火墙、防火门（见图4-12）、电缆孔洞、灭火弹、电缆接线间设置等，应满足规程标准和现场实际要求。隧道、竖井、变电站电缆夹层应采取防火墙、防火隔板及防火封堵等措施。防火墙、阻火隔板和阻火封堵应满足耐火极限不低于1h的耐火完整性、隔热性要求。建筑内的电缆井在每层楼板处应采用不低于楼板耐火极限的不燃材料或防火封堵材料封堵。

图4-12 防火墙（防火门）

（2）在电缆通道内敷设电缆需经运行部门许可，电缆、接头等应满足防火措施的要求，因施工而破坏或受损的防火设施、孔洞应及时恢复并经运行部门验收合格。在电缆通道、夹层内动火作业应办理动火工作票，并采取可靠的防火措施。

（3）应开展阻燃电缆阻燃性能到货抽验试验，以及阻燃防火材料（防火槽盒、防火隔板、阻燃管）防火性能到货抽验试验，并向运维单位提供抽验报告。

（4）电缆通道、夹层内应整洁、畅通，消除各类火灾隐患，通道沿线及其内部、隧道通风口外部不得积存易燃易爆物。

（5）电缆通道高低压电缆、通信光缆等按电压等级的高低从下向上排列，分层敷设在电缆支架上。

（6）应选用阻燃电缆，阻燃等级不低于C级。低压电缆、通信光缆等应敷设于防火槽盒、阻燃管等防火隔离措施。电缆接头处应进行加装防爆盒、防火毯、防火涂料、灭火弹等防火措施，如图4-13所示。电缆接地线应包覆阻燃材料。

图4-13 电缆接头的防火措施

（7）电缆线路的防火设施必须与主体工程同时设计、同时施工、同时验收，防火设施未验收合格的电缆线路不得投入运行。

【操作】

（1）电缆密集区火灾隐患治理。充油电缆接头及敷设密集的10～35kV电缆接头应用耐火防爆槽盒封闭。密集区域（4回及以上）的110（66）kV及以上电压等级电缆接头应选用防火槽盒、防火隔板、防火毯、防爆壳等防火防爆隔离措施。变电站夹层内的不应设置电缆接头，对已在运的电缆接头应逐步移出。

（2）中性点非有效接地方式的电缆线路火灾隐患治理。在设计、基建阶段，对于中性点非有效接地方式且允许带故障运行的电力电缆线路，不应与110kV及以上电压等级的电缆线路共用隧道、电缆沟、综合管廊电力舱。对已在运行的，与110kV及以上电压等级的电缆线路共用电缆通道的电缆线路，应开展中性点接地方式改造，或做好防火隔离措施（如加装防火隔板、防爆盒、防火毯、防火涂料、灭火弹等），并在发生接地故障时立即拉开故障线路。

2. 积水、渗漏水隐患治理

（1）设置在绿化带内的电缆通道，工作井出入口处应高于绿化带地面30cm。

（2）对有腐蚀性污水、地下水、雨水等渗漏的通道区域，应进行了现场勘查，并进行专项方案治理。

（3）电缆隧道内集水井安装水位监测装置及排水泵等物防措施，对于特殊排水要求的电缆沟可安装水位监测装置及排水泵等物防措施。

（4）对周围存在水源的电缆隧道应重点加强管控。

（5）对受潮或进水的电缆应进行除潮处理（如采取充氮除潮）。若潮气严重的电缆应进行更换。

（6）对于因外护套受损而发生的受潮或进水情况应根据受损严重程度进行处理。

（7）电缆通道的排水坡度、集水井数量和位置、流水沟设置等满足规程要求，电缆通道墙体结构的接缝处、井盖、孔洞（见图 4–14）、隧道风亭入口处（见图 4–15）等位置采取防水措施，并建立有效的作业管控制度。

图 4–14　阻水法兰封堵　　　　　　图 4–15　隧道风亭入口处设挡水板

（8）对于受潮或进水的接地箱，根据现场情况采取将接地箱移至地面或抬高至沟道内的地势较高处。接地箱应做好密封，满足长期浸水要求，防护等级不低于 IP68。

【操作】

（1）电缆通道结构的防水治理。电缆通道结构防水治理方法有灌浆止水法、水泥砂浆表面防水法、玻璃钢内表面防水法、钢丝绳网片+聚合物砂浆法、水泥基渗透结晶防水法等。

（2）孔洞的防水封堵方法。孔洞的防水封堵可采用阻水法兰进行防水封堵，也可以采用 RDSS 充气式电缆孔洞密封系统进行防水封堵。

3. 外力破坏隐患治理

（1）电缆通道设置保护区，地下电缆保护区的宽度为地下电缆地面标桩两侧各 0.75m 所形成的平行线内的区域。江河电缆保护区的宽度为敷设于二级及以上航道时，为线路两侧各 100m 所形成的两平行线内的水域；敷设于三级及以下航道时，为线路两侧各 50m 所形成的两平行线内的水域。海底电缆管道保护区的范围为沿海宽阔海域为海底电缆管道两侧各 500m，海湾等狭窄海域为海底电缆管道两侧各 100m，海港区内海底电缆管道两侧各 50m。

（2）电缆通道上方应按照要求设置警示标识，防止施工暴力破坏。户外终端杆塔处的电缆接地箱应采用防盗螺栓、围栏加锁，电缆井盖采用智能防盗井盖，防止非法进入或破坏，如图 4-16 所示。

图 4-16　智能防盗井盖

（3）邻近电缆通道的施工现场应作为重点的防外力破坏区域，对于此类的防外力破坏工作，需要采取多重防控措施。

（4）电缆通道及直埋电缆线路工程应严格按照相关标准和设计要求施工，并同步进行竣工测绘，非开挖工艺的电缆通道应进行三维测绘。

（5）基于船舶自动识别系统的报警监控，在监控中心电子海图上设置水底电缆保护报警区域，对进入报警区域停留或疑似锚泊的 AIS 船舶进行报警提示并自动记录航行轨迹，及时制止船舶抛锚。也可以利用雷达监控、视频监控、应力检测等手段进行监测。设置警示标识，在水底电缆保护区边界设置同步夜闪功能的警示标识，警示过往船舶不能在电缆保护区内非法锚泊。

（6）运维单位对易发生外力破坏、偷盗的区域和处于洪水冲刷区易坍塌等区域内的电缆及通道，应加强巡视，并采取针对性技术措施。

（7）在下列地点电缆应有一定机械强度的保护管或加装保护罩：电缆进入建筑物、隧道、穿过楼板及墙壁处；从沟道引至铁塔（杆）、墙外表面或屋内行人容易接近处，距地面高度 2m 以下的一段保护管埋入非混凝土地面的深度应不小于100mm；伸出建筑物散水坡的长度应不小于 250mm。保护罩根部不应高出地面。

（8）禁止在电缆通道附近和电缆通道保护区内从事下列行为：

1）在通道保护区内种植林木、堆放杂物、兴建建筑物和构筑物。

2）未采取任何防护措施的情况下，电缆通道两侧各 2m 内的机械施工。

3）直埋电缆两侧各 50m 以内，倾倒酸、碱、盐及其他有害化学物品。

4）在水底电缆保护区内抛锚、拖锚、炸鱼、挖掘。

【操作】

（1）防施工的外力破坏措施。加强施工地点的外破防控如施工现场设置在线视频监控、人员看守等。设置电缆通道的路径标桩、警示标识，电缆通道保护区两侧边界处设置防撞墩，防止重型施工车辆进入保护区内。与施工单位签署必要的安全协议。留存相关的影像资料。

（2）防盗窃的外力破坏措施。设置在线监测装置，如智能井盖，视频监控等，附属设施、附属设备有防盗功能，如井盖、接地箱、围栏等有防盗功能，防止非法进入或破坏。在醒目位置设置警示标识牌，如"高压危险，禁止攀登""止步高压危险"等。

4. 过热隐患治理

（1）电缆沟道的过热治理。

1）沟道内通风散热设施应确保畅通，必要时应加装机械强排风设备。

2）沟道内的高低压电缆、通信光缆应分层敷设，避免电缆密集。

3）沟道内不应设置热力管线，应与临近热力管线等热源保持适当的安全距离。

4）对重要电缆沟道应进行温度在线监测，避免发生高温情况。

（2）电缆本体、附件及附属设备的过热治理。

1）电缆本体截面满足长期安全运行的热稳定要求。

2）电缆附件、附属设备应严格按照工艺要求进行安装，确保工艺质量，连接可靠。

3）电缆附件制作时，剥切尺寸符合工艺要求，不得伤及绝缘、线芯。绝缘表面处理光滑无毛刺，半导电层断口无毛刺过渡平滑，金属屏蔽层断口无毛刺，应力锥定位准确，压接管无毛刺，无金属碎屑残余。

4）接地线焊接牢固，截面符合要求。

【操作】

（1）电缆附件制作时避免绝缘划痕、毛刺的操作。剥切绝缘半导电层时，应深入半导电层三分之二，不得伤及绝缘，在进行绝缘表面打磨时应从四个方向进行打磨。

（2）剥切金属屏蔽层时避免金属屏蔽层的毛刺的操作。在保留的金属屏蔽层断口处用焊锡点焊，并用$\phi1.0mm$的铜线或恒力弹簧进行临时绑扎，轻轻撕下金属屏蔽层，断口要整齐，无毛刺或裂口。

5. 附属设备异常隐患治理

（1）避雷器。避雷器选型应综合考虑安装环境、绝缘配合、材料特性等因素，合理选用。优先选择金属氧化锌避雷器，对在运的阀式避雷器应有淘汰计划。避雷器的表面应经常进行清理，确保表面无污秽。及时更换受损或试验不合格的避雷器。

（2）在线监测装置。在线监测装置尤其是安装在现场的传感器、线路等应提高其防潮等级，经常性检查其是否存在进水、受潮锈蚀等情况。对各个连接件应确保连接紧密，触点连接正常。及时更新软件和硬件设备，确保正常运行。

（3）接地系统。测试接地电阻，接地电阻应满足《电力电缆及通道运维规程》（Q/GDW 1512—2014）要求。当接地电阻过高时，检查接地极、接地线是否锈蚀，做好除锈作业，改善土壤的电阻率、增大接地线的接触面积等。必要时对重要电缆加装接地环流在线监测装置。

（4）供油装置。对自容式充油电缆，当采用一端供油方式时，供油箱宜设于标高较高的一端。当采用两端供油式，如果两端选用油容积不同的供油箱，则应将油容积较大的供油箱设置与标高较高的一端。供油装置应设有油压过高和过低的信号和报警系统。

【操作】

（1）在线监测装置的在线环境监测数据异常处理操作方法。更换气体监测传感器、检查接线是否检查良好，修复数据通信线。

（2）充油式电缆的漏油点测距操作方法。冷冻分段法、油压法和油流法等。

6. 有毒有害气体隐患治理

（1）电缆通道通风不畅的情况。有条件的通道设置通风口，实现通道自然通风，对自然通风条件较差的地方如竖井（深达十几米的竖井和过路顶管）可考虑采用机械通风。

（2）管道泄漏、生活污水渗漏等情况。由于电缆沟一般为砖混结构，本身的防渗漏能力较弱，对沟道进行后期的防渗漏改造成本较高且难以实施。因此对于沟道内或邻近的有泄漏市政管道，应进行迁改，对迁改的管道断口进行防水封堵。

（3）电缆失火情况。电缆失火能够产生大量的有毒有害气体，并消耗大量的氧气。在电缆选型时，应优先选用铜芯电缆、无卤低烟型电缆、阻燃等级不低于 C 级。同时为控制电缆失火的区域，应对电缆沟道设置防火门进行防火分区，隔离因火灾产生的气体。

（4）现场施工或运维作业。对于重要的电缆隧道应进行在线环境监测，如图 4-17 和图 4-18 所示。在电缆通道内作业前应严格执行先通风、再检测、后作业的基本要求，作业期间应携带有毒有害气体检测仪。同时应配置足够数量的防毒面具和正压式消防呼吸器。在使用防毒面具（过滤式）作业时，应严格根据防护对象进行使用，且必须确保氧气含量检测合格。当氧气含量不足时，可使用正压式消防空气呼吸器。

图 4-17　在线环境监测传感器

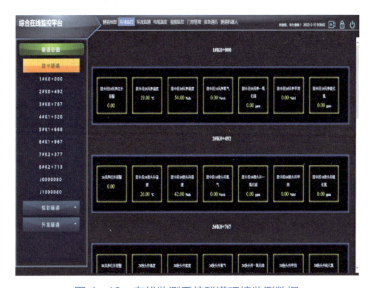

图 4-18　在线监测系统隧道环境监测数据

【操作】

（1）防毒面具使用注意事项。过滤式防毒面具主要是通过配在防毒面具上的过滤罐进行防护的。由于有毒有害的气体有很多种类，如有机气体、无机气体、酸性气体等，而防毒罐只能针对某一类或某几类的有毒气体，因此在使用过滤式防毒面具进行防护时，需要了解现场的有毒有害气体的性质和种类。

（2）正压式消防空气呼吸器的使用注意事项。使用前一定要检查气瓶压力是否合格，确保压力达到 27MPa，检查整机的气密性，残气报警装置是否正常以及面罩的气密性。在使用过程中应时刻留意气瓶的压力和使用时间，确保人员能够安全撤离作业区域。

案例分析

2021 年 3 月 22 日上午 9 时 30 分，某电缆运检班运维人员在进行日常巡视时，发现某城区南街正在进行围挡作业。由于该街道下方有班组负责运维的电缆线路（排管敷设），运维人员根据班组制定防外力破坏作业流程，随即开展防外破工作。

1. 了解施工情况

电缆运维人员通过询问现场施工负责人，了解施工信息。

（1）施工项目：南街市政管网改造。

（2）施工方法：道路全开挖，老旧管道更换，回填。

（3）施工时间：2021 年 3 月 21 日至 2021 年 9 月 30 日。

（4）施工计划：4 月前仅做好施工围挡，4～6 月，南街的东半边（该街道为南北走向）施工，7～9 月南街的西半边施工（道路的西半边下方有电缆排管）。

（5）施工作业面：宽度是 20m（道路的宽度），长度是 300m。

此外还有施工单位、施工负责人及联系方式等。运维人员庞某对询问现场进行拍照，并留存施工相关影像资料（如施工五牌一图）。

2. 安全隐患告知和安全教育

运维人员通过施工情况，了解施工作业面涉及电缆通道。随后对施工负责人及施工人员进行安全隐患告知，并对其进行电力安全教育。运维人员为使施工方对电缆通道有更清晰的认识，对电缆通道路径及其保护区范围进行地面标识。

运维人员告知现场施工负责人在电缆保护区及通道附近施工，施工方案应包括对电缆及其通道的安全采取的保护措施。该方案应经供电公司审核，并与供电公司签署安全协议，方可进行施工作业。

现场施工负责人表示暂停在电缆保护区及通道附近进行施工。

3. 签署相关安全协议

施工单位于 3 月 23 日向运维部电缆专责提交电缆及通道的保护方案，电缆专责审核通过，并与施工方签署相关安全协议。

4. 防外力破坏相应措施

根据施工计划,电缆运检班班长与电缆运维人员制订防外破巡视计划和相关措施。

4 月前，运维人员对施工现场进行每日特巡，及时掌握现场施工状况。

4～6 月，施工作业面为道路东半边，每日特巡，并在现场加装视频在线监控，对施工区域进行 24h 不间断的监控。及时与施工方沟通，了解最新的施工进度。

5～9 月，施工作业面移至道路西半边（电缆排管所在区域），采取现场 24h 看守、在线视频监控。对在电缆通道两侧 2m 范围内的施工，要求施工方应采取相应防护措施，值守人员监督施工车辆作业，及时制止危险作业，确保不误碰电缆。

运维人员根据防外破作业流程，采取针对性措施，及时有效的消除了施工外破隐患，圆满完成了本项防外破工作，有力的保障了电缆线路及通道的安全运行。

习　题

1. 简答：电缆隐患分级内容是什么？
2. 简答：电缆隐患的分类有哪些？
3. 简答：电缆隐患排查的手段有哪些？
4. 简答：隐患和缺陷的关系是什么？
5. 简答：电缆及通道的保护区内严禁从事的行为有哪些？

第四节　电缆故障检测

学习目标

1. 了解低阻故障、高阻故障等各类故障类型

2. 掌握电缆故障测试低压脉冲、高压冲闪、二次脉冲、高压电桥、路径仪、定点仪、识别仪等检测技术，能够开展电缆故障检测，并熟悉相应的作业流程

知 识 点

一、基础知识

（一）故障原因

致使电缆发生故障的原因是多方面的，常见的几种主要原因归纳如下：

（1）机械损伤。很多电缆故障是由于电缆安装时不小心造成的机械损伤或安装后靠近电缆路径作业造成的机械损伤而直接引起的。如果损伤轻微，在几个月甚至几年后损伤部位的破坏才发展到铠装穿孔，潮气浸入而导致损伤部位彻底崩溃形成故障。

（2）电缆外皮的电腐蚀。如果电缆埋设在附近有强力地下电场的地面下，往往出现电缆外皮铠装腐蚀致穿的现象，导致潮气侵入，绝缘破坏。

（3）化学腐蚀。电缆路径在有酸碱作业的地区通过或煤气站的苯蒸气往往造成电缆铠装和铅包大面积长距离被腐蚀。

（4）地面下沉。此现象往往发生电缆穿越公路、铁路及高大建筑物时，由于地面的下沉而使电缆垂直受力变形，导致电缆铠装破裂甚至折断而造成各种类型的故障。

（5）长期过负荷运行。由于过负荷运行，电缆的温度会随之升高，尤其在炎热的夏季，电缆的温升常常导致电缆的较薄弱处和对接头处首先被击穿。在夏季，电缆故障率高的原因正在于此。

（6）振动动破坏。重型机械经过的交通路面下运行的电缆，由于剧烈的振动导致电缆外皮产生弹性疲劳而破裂形成故障。

（7）拙劣的技工、拙劣的接头与不按技术安全要求敷设电缆往往都是形成电缆故障的重要原因。

（8）在潮湿的气候条件下制作接头，使接头附件内混入水蒸气而耐不住试验电压，往往形成闪络性故障。

在对电缆故障发生原因的分析中，要特别注意了解中压电缆敷设中的情况，若电缆外表观察到可疑之点，则应查阅电缆安装敷设工作完成后的正确记录，这些记录应包括如下细节：① 铜芯或铝芯导线的截面积；② 绝缘方式；③ 各个对接头的精确位置；④ 三通接头的精确位置；⑤ 电缆路径的走向；⑥ 在地下关系中，某一电缆到别的电缆或接头的情况（这一点，特别要注意）

以及两种不同截面积的电缆对接头的精确位置；⑦ 有无反常的敷设深度或者有特别的保护措施，如钢板、穿管和排管等；⑧ 电缆敷设中的技工和技术员的姓名（这也常常是提供重要线索的来源之一）；⑨ 历次发生故障的地点及排除经过。

（二）故障分类

电缆故障是由于故障点的绝缘损坏而引起的。一般故障的类型可分为低阻（短路）故障和开路故障，高阻泄漏故障和闪络性故障两大类。

1. 低阻故障和开路故障

（1）凡是电缆故障点绝缘电阻下降至该电缆的特性阻抗，其至直流电阻小于等于 $10Z_0$ 的故障均称为低阻故障或短路故障（这个定义是从采用脉冲反射法的角度，考虑波阻抗不同对反射脉冲的极性变化的影响；对于电桥法，低阻故障的定义不受特性阻抗概念的限制）。

电缆特性阻抗的参考值为铝芯 240mm² 截面积的电力电缆的特性阻抗约为 10Ω；铝芯 35mm² 截面积的电力电缆的特性阻抗约为 40Ω；其余截面积的铝芯电力电缆的特性阻抗可据此估算。

（2）凡是电缆绝缘电阻无穷大或虽与正常电缆的绝缘电阻值相同，但电压却不能馈至用户端的故障均称为开路（断路）故障。此类故障对于 1kV 以下的低压电缆约占 50% 左右；6kV 以下的高压电缆约占 10% 左右。

2. 高阻泄漏故障和闪络性故障

电缆故障点的直流电阻大于 $10Z_0$ 时，该电缆的特性阻抗的故障均称为高阻故障，包括高阻泄漏故障和闪络性故障。

（1）高阻泄漏故障。在制作电缆高压绝缘试验时，泄漏电流随试验电压的增加而增加。在试验电压升高到额定值时（有时还远远达不到额定值），泄漏电流超过允许值，称为高阻泄漏故障。

（2）闪络性故障。试验电压升至某值时，监视泄漏电流的电表指值突然升高，表针且呈闪络性摆动；电压稍下降时，此现象消失，但电缆绝缘仍有极高的绝缘电阻值，这表明电缆存在闪络故障。而这种故障点没有形成电阻导电通道，只有放电间隙或闪络表面的故障便称为闪络性故障。

高阻故障等效电路见图 4-19。高阻故障的表现形式尽管多种多样，但其本质均表现在图 4-19 中的高阻泄漏电阻上。高阻泄漏电阻的绝缘电阻值直接决定了高阻故障的特性。它们可以是高阻泄漏故障，可以是高阻闪络性故障，或者是二者兼有之的故障。

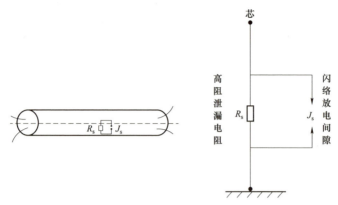

图 4-19　高阻故障等效电路

当 R_s 近似无穷大时，故障点 J_s 两端的直流电压可以增至相当高而泄漏电流还不至于超过额定值，完全可能在电压升至额定值前 J_s 被击穿，从而形成闪络性故障。

当 R_s 小于一定值，做耐压试验时，由于 R_s 的存在而产生较大的泄漏电流，这样大的泄漏电流将在高压电源的内阻上产生较大的压降，而使 J_s 两端的电压无法升高，J_s 可能就不会被击穿。欲升高压电，泄漏电流势必增加，因此完全可能因泄漏电流大大超过允许值而使继电器保护动作，J_s 也就不会出现闪络现象。

当 R_s 等于零或小于被测电缆的特性阻抗时，故障性质便变成低阻故障了。

此类故障对于 1kV 以下的低压电缆约占 50% 左右；6kV 以下的高压电缆约占 90% 左右。

（三）故障测试流程

电缆故障的测试是一个科学、严谨的过程，一般应遵循以下基本步骤：

（1）确定故障电缆类型、电压等级、标准长度等参数，资料越清楚越有利于电缆故障的测试。

（2）故障电缆相相间及相地间用绝缘电阻表确定阻值，如绝缘电阻表测量为零再用指针式或数字式万用表进行测量。

测试故障之前要确定故障电阻是低阻还是高阻；是闪络性还是泄漏型故障；是接地、短路、断线还是它们的混合；是单相、两相还是三相故障。

（3）测距。

1）用低压脉冲法进行测量，确定全长及可能的中间接头。如为低阻、短路故障可直接测试出短路点故障距离；如为断路故障也可直接测试断路点距离（此时此相全长就无法测出）。使用低压脉冲法时，采用比较法（完好相与故障相比较）更容易识别复杂反射波形中的故障点的距离。

2）对于高阻故障，可用高压电桥、高压闪络法（电流取样法、电压取样法、多次脉冲法）测出故障点距测试端的粗测距离。之所以称为粗测，是因为无论何种方法测出的数值仅表示被测电缆（故障）的地下长度，由于地下的预留长度不能精确估计，此长度不能代表地面的距离。只能算是故障点的大致范围。

3）故障距离的测试最好用两种以上方法互相进行验证。

（4）如电缆路径（走向）不完全肯定，可进行电缆路径的测量。电缆路径（走向）必须完全确定。

（5）在电缆路径（走向）完全肯定的基础上进行定点（精测）。对电缆施加冲击高压（或脉动高压），利用故障点的放电声波，在粗测故障距离范围内，用声测法（声磁同步法）或跨步电压法进行精确故障点定位。

总结上述的测试流程，可将电缆故障测试流程分故障性质诊断、故障测距、电缆路径探测、故障定点四个步骤。测试流程如图 4-20 所示。

二、电缆故障检测技术

（一）低压脉冲检测技术

低压脉冲法又称雷达法，是受雷达的启发而发明的，它通过观察故障点反射脉冲与发射脉冲的时间差测距。

1. 低压脉冲法测距原理

低压脉冲法也称时域反射法（Time Domain Reflectometry，TDR），指脉冲反射仪在不通过高压冲击的情况下，通过仪器将脉冲信号（有三种类型即方波、指数波、钟形波或升余弦波）自测试端加入被测试电缆，该脉冲将沿电缆传播当遇到阻抗不匹配点（故障点或中间接头）时，由于阻抗突变形成反射，脉冲返回到测量端并被记录下来。典型的脉冲反射图如图 4-21 所示。

以短路接地故障和断路故障两种类型为例分析低压脉冲测距计算过程，并通过反射脉冲的极性判断故障的性质。断路故障发射脉冲与反射脉冲同极性，而短路或低阻故障发射脉冲与反射脉冲反极性。故障波形示意图如图 4-22 所示。

根据脉冲入射到返回所经过的时间 ΔT 和电波在电缆中的传播速度 V，可以计算出传播路径的长度，进而得到测试点到故障点的距离 S，具体计算公式为

$$S = \frac{1}{2} \times \Delta T \times V \qquad\qquad (4-1)$$

由式（4-1）可看出，脉冲在电缆中的传播速度对于准确地计算出故障距离很关键。电力电缆常见绝缘材料的脉冲传播速度（以经验值为基础）见表4-6。

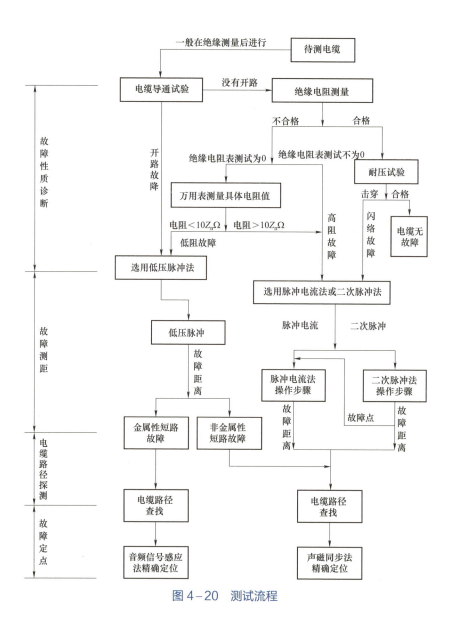

图4-20　测试流程

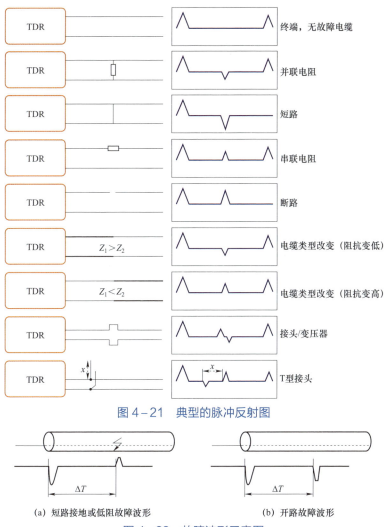

图 4-21 典型的脉冲反射图

(a) 短路接地或低阻故障波形   (b) 开路故障波形

图 4-22 故障波形示意图

表 4-6   电力电缆常见绝缘材料的脉冲传播速度

绝缘材料	传播速度（m/μs）
油浸纸	156～170
聚氯乙烯	175～190
聚乙烯	170～172
交联聚乙烯	168～172

2. 低压脉冲法应用范围

低压脉冲法主要用于测试电力电缆的断路（包括断线）、相间或相对地泄漏性低阻故障（包括短路）；测试已知绝缘介质的电缆全长；校准已知长度电缆的电波传输速度；判断电缆开路故障和短路故障的属性，测试电缆中间接头、T 型接头与终端头等的位置，但不能用于高阻故障和闪络性故障的测距。低压脉冲法能与高压冲闪设备配套使用对电缆的泄漏性高阻及闪络性高阻故障进线故障点位置距离的粗测。

（二）高压闪络法检测技术

低压脉冲测距是由测距仪发射脉冲，是有低阻故障点反射回测量端的电缆故障测距，但当电缆出现泄漏性高阻故障即故障电阻在一个很大的范围内（200Ω至上千欧）时，由于故障点等效电阻较大（大于 10 倍的电缆波阻抗），在使用低压脉冲法时，反射系数（反射脉冲幅度小于 5%）几乎为零，在始端就很难分辨出故障点的反射波形。因此，对于阻值较高的泄漏性故障（通常叫泄漏性高阻故障），需要采用高压闪络放电测试法（简称闪络法），也叫高压脉冲法。它并非是增大加到电缆上脉冲电压幅度的方法来提高故障的反射脉冲幅度，而是利用高电压信号使电缆故障点瞬间变为短路或低阻故障，使故障点发生相应的反射电流波，故障点近乎产生全反射，如此在测试端才能清楚地检测出故障反射波，基于这个物理机理产生了高压直闪法、高压冲闪法、二次脉冲法（也称为弧反射法）等。通常高压冲闪法和二次脉冲法应用较为广泛。在故障点电阻不很高时，因直流泄漏电流较大，电压几乎全降到了高压试验设备的内阻上去了，电缆上电压很小，故障点形不成闪络，必须使用高压冲击闪络测试法，其方法是通过放电球间隙向电缆加冲击高压，使故障点击穿产生闪络，故简称高压冲闪法。二次脉冲法是在 20 世纪 90 年代后期发展的技术。二次脉冲法与高压直闪法、高压冲闪法的区别在于采用了两次差异电弧低压反射对比，而又区别于低压脉冲技术。

1. 高压冲闪法测距原理

通过调节调压升压器对电容 C 充电，当电容 C 上电压足够高时，球形间隙 G 击穿，高压储能电容 C 对电缆放电，这一过程相当于把直流电源电压突然加到电缆上去，当作用到电缆故障相上的电压增大到故障点临界击穿电压时，电压波穿过故障点一定时间后，故障点电离，发生直接击穿放电，故障点则产生向测量点运动的放电电流脉冲，放电电流脉冲经过线性电流耦合器后，被高压储能电容（储能电容相当于直流电源，对高频行波信号呈短路状态）短路全反射，运动到故障点，又再次被反射，返回测量点。放电脉冲不断在电容和故障点间进行反射。

高压冲闪测距原理图及脉冲电流测距图如图 4-23 所示。

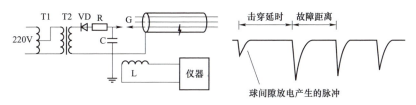

图 4 - 23　高压冲闪测距原理图及脉冲电流测距波形图

T1—调压器；T2—升压变压器；VD—大功率高压二极管；R—高压保护电阻；G—放电间隙；
C—高压储能电容；L—线性空心电流耦合器

脉冲电流测距波形图是由线性电流耦合器把瞬时跃变电流及来回反射的波形记录下来的。第一个脉冲是球间隙击穿时电容对电缆放电引起的，第二个脉冲则是由故障点传来的故障点放电电流脉冲以及在测量点反射脉冲叠加的结果，幅值是故障点放电电流脉冲的两倍（考虑传播损耗，实际值要小），以后的脉冲则是电流行波在故障点与测量点之间来回反射造成的。波形上第二个负脉冲与第三个负脉冲之间的时间差对应于电流脉冲在故障点与测量点之间往返一次所需的时间，可用来计算故障点与测量点间的距离。

2. 二次脉冲法测距原理

低压脉冲法测试低阻和短路故障的波形最容易识别和判读，但它不能用来测试高阻和闪络性故障，原因在于它发射的低压脉冲不能击穿这类故障点，而二次脉冲法正好解决这个问题，它可以测试高阻和闪络性故障，波形更简单，容易识别。

二次脉冲法又称为高压弧反射法，是由高压发生器、二次脉冲产生器、二次脉冲自动触发装置等组成。高压弧反射法即结合高压发生器冲击闪络下故障点电弧击穿两次低压脉冲反射技术。采用此法时，首先采用低压脉冲测出高阻故障线芯反射波形图（见图 4 - 24 中黑线所示，也即电缆全长的反射波形），然后在故障电缆线芯加高压直流电压，电压到达某一值且场强足够大时，介质击穿，形成导电通道，故障点被强大的电子流瞬间短路。电缆故障点在被击穿，故障点电压急剧降低几乎为零，电流突然增大，产生放电电弧。根据电弧理论，此电弧的阻抗很小，可认为是低阻或短路故障，此时再测出低阻故障点的反射波形图（见图 4 - 24 黄线所示，也即电缆故障点的反射波形），这两种反射波形图叠加后进行分析计算，两条波形曲线分开的地方即为故障点。二次脉冲测距原理图及低压脉冲测距图如图 4 - 24 所示。

3. 高压闪络法测距应用范围

该方法主要用于电缆高阻泄漏性故障（故障电阻大于 $20Z_0$ 以上）和闪络性故障的测距。

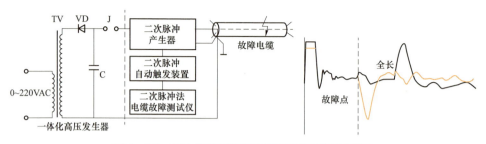

图 4-24　二次脉冲测距原理图及低压脉冲测距图

（三）高压电桥检测技术

高压电桥是一种较为经典的测距方法。当前，电缆故障测距技术主要有两大类：利用电缆阻抗测距与利用电缆中的行波测距。其中，阻抗测距技术是通过测量和计算故障点到测量端的阻抗，然后根据线路参数，列写求解故障点方程，求得故障距离，该方法多以线路的集中参数建立模型，原理简单，易于实现，多年来一直是人们关注的测距技术。阻抗测距技术在实际的电缆故障测距中，所使用的方法有采用电桥原理的电桥法、采用电平平衡的零定位法、采用接地点电压降落的压降法、采用电缆线芯长度与工作电容成正比例关系的电容测定法、采用分布参数线路理论为基础的分布参数计算高阻故障法等，但工程实测应用最为成熟的方法仍是电桥法。电桥法具有较强的环境适应性，尤其对易燃易爆物质场合的电缆故障测距更适合。

1. 高压电桥测距原理

高压电桥检测为粗测方法，是一种传统的对低阻故障行之有效的一种方法。由于电桥法的操作简单，精度也较高，故在电缆检测中常常用到。一般高压电桥具有于高电压直流耐压试验、大电流烧穿故障点、故障预定位功能，可作为电缆故障闪测仪对于一些高阻故障点不放电的电缆高阻故障测距。电桥故障测距是将被测电缆故障相与非故障相短接，电桥两臂分别接故障相与非故障相，调节电桥两臂上的一个可调电阻器，使电桥平衡，利用比例关系和已知的电缆长度就能得出故障距离。高压电桥测距原理图及接线图见图 4-25，图 4-25 中，电桥的四个臂分别为 R_1、R_2、R_3（$2L-L_X$）、R_4（L_X），R_4（L_X）为被测电阻，其中在电桥的对角线 a、d 接高压直流电源，另一个对角线 b、c 接检流计 G，当电桥平衡时，检流计 G 无电流通过，即 $I_G=0$。则 $U_{ab}=U_{ac}$，$U_{bd}=U_{cd}$。因此有

$$I_1R_1=I_2R_2 \tag{4-2}$$

$$I_3R_3=I_XR_X \tag{4-3}$$

由 $I_1=I_3$、$I_2=I_X$，则

$$R_X = R_3 R_2 / R_1 \tag{4-4}$$

根据式（4-4），在三个臂已知的情况下，就可以计算出被测电阻的阻值。而确定被测电阻阻值与所加直流电源的大小及其内阻无关。

当整条电缆线路由同一导体材料与同一导线截面组成时，则电缆的电阻与其长度成正比。当电桥平衡时，$I_G = 0$，由式（4-4）推出

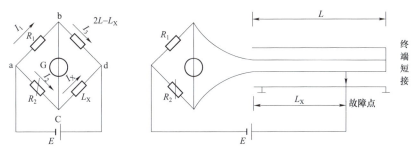

图 4-25　高压电桥测距原理图及接线图

$$L_X = 2LR_2 / (R_1 + R_2) \tag{4-5}$$

由式（4-5）可得出，确定 R_1、R_2 后，则可计算测量端距电缆故障点的准确距离。从式（4-5）可以看出，故障距离 L_X 与电缆长度密切相关，如果不知道电缆长度，也就无法计算测得故障距离，如果电缆长度不准确，用电桥法测得的故障距离 L_X 也就不准确。

2. 高压电桥应用范围

高压电桥定位仪特别适用敷设后电缆的高阻击穿点，特别是难以烧成低阻的高阻击穿点，如电缆中间接头的高阻击穿。高阻闪络型击穿点，在击穿后恒流源能维持电弧，有稳定电流通过电桥，电桥有足够的灵敏度。若尚未击穿，但电阻偏低的缺陷点，如用兆欧表发现电缆阻值较低，但运行电压下不击穿的绝缘缺陷点。高压电桥应用要求电缆必须有一相绝缘良好，否则不能组成电桥回路，如果被测电缆没有绝缘良好相，在实际中可用已知长度同路径敷设的好电缆相线组成电桥测试回路，如果辅助电缆与被测电缆的型号及材质不同时，可按照有关公式进线计算。高压电桥对高阻未击穿故障，断路故障和三相均有泄漏的故障电缆则无能为力。但在实际测量中，必须注意由于回路串联的引线电阻、短路线电阻和接触电阻引起的误差。

（四）路径仪检测技术

电缆的敷设往往以地下直埋、电缆沟、排管、非开挖式拖拉管、桥架、隧道多种形式。特别是地埋电缆，同型号、同类型的电缆纵横交错，路径十分复杂。要进行故障点精确定点，必须要知道被测电缆的路径包括走向和埋深。被测电

缆的路径检测技术是故障查找的重要辅助技能之一。

1. 路径仪检测原理

用信号发生器在被测电缆始端向电缆输入音频电流的信号，常见注入音频信号的频率为 640Hz、1280Hz、10kHz、33kHz、82kHz、197kHz 等多种。之所以有这么多种可选频率，是为了防止干扰，当一种频率受干扰时，就换另外一种频率。利用接收器的磁性线圈接收在地面上接收磁场信号，在线圈中产生出感应电动势，经放大后，通过耳机、电表指针或方向指示进行监视。随着接收线圈的移动，信号的大小会发生变化。路径仪一般使用耳机监听信号的幅值，根据探测时音响曲线的不同，可判断出电缆路径。探测方法有智能宽峰、窄峰、音谷法。音谷法测量原理图如图 4-26 所示。

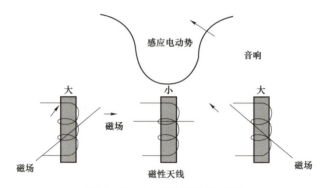

图 4-26　音谷法测量原理图

在进行路径探测时，使磁棒线圈轴线垂直于地面，慢慢移动，在线圈位于电缆正上方且垂直于电缆时，磁力线与线圈平面平行，没有磁力线穿过线圈，线圈内无感应电动势，耳机中听不到声响或声音最小。然后将磁棒线圈先后向两侧移动，在两侧就会有一部分磁力线穿过线圈，产生感应电动势，耳机中开始听到音频响声。随着磁性天线缓慢移动，声响逐步变大。当移动到某一距离时，响声最大，再往远处移动，响声又逐步减弱。在电缆附近，声响与其位置关系形成马鞍形曲线，曲线谷点所对应的测试位置即电缆埋设的具体位置。在地面上将所有的谷点（声音最小点）连接起来就是电缆所埋设的路径。

2. 路径仪检测应用范围

音频电流信号输入电力电缆的方式有三种，即直连法、耦合法、辐射法。直连法在电力电缆的终端处，把信号发射器的两条信号输出线直接连接到被测电力电缆上，直接输入音频信号的方法，可用于停电电力电缆的探测。耦合法在电缆终端处或中间某位置，通过大口径钳形互感器，把音频信号耦合到电缆金属护层上的方法，即可用于停电电力电缆的探测，也可用于带电电缆的探测。辐射法在金属管线的上方，采用发射的方式用信号发生器向金属管线辐射音频信号，用于探测找不到金属护层的两终端且无法用耦合方法输入信号的情况，电缆路径探测很少采用此种方法。典型线芯－地直连法、耦合法和辐射法接线图分别如图 4–27～图 4–29 所示。

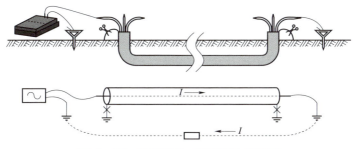

图 4–27　典型线芯－地直连法接线图

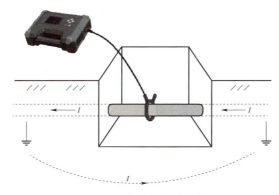

图 4–28　典型耦合法接线图

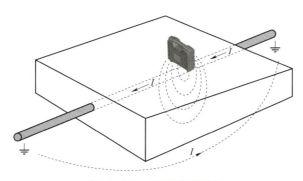

图 4–29　典型辐射法图

（五）定点仪检测技术

电缆故障的精确定点是在上述电缆故障距离粗测和路径查明后的一项关键技能，故障测距技术是整个电缆故障测试中的重要环节之一，但由于电缆敷设中的变化性（余缆、S弯、盘园等原因），因此测距只是粗测，往往存在很大误差，要找到故障点的精确位置，就必须通过定点来确定。对于不同性质的故障，定点的方法也不同，可分为声测法、声磁同步法、电磁波法（音频信号法）、跨步电压法四种。由于现在越来越多地使用交联电缆，而交联电缆的故障大部分为封闭故障，故障点的放电声往往在十几米甚至几十米都有几乎一样大的响声，这给定点带来了很大的困难，靠传统的听声法及机械表头摆动来判断故障点显然已满足不了要求。为此，声磁定位仪因其独特的优点而被采用，声磁定位仪可同时接收放电时产生的声波及电磁波，并通过信号处理计算出声波与电磁波的时间差，同时仪器还可将接收到的声波与电磁波以一定形式显示出来，根据上述所接收的信号可以比较容易地确定电缆故障点，此种方法叫声磁同步法定点。声磁同步法定点需要与高压发生器配合使用。

1. 声磁同步法定点仪原理

当施加在故障电缆上的高电压使故障点击穿时,强大的瞬间电流会在电缆周围（全长范围内）产生一个磁场信号（设为顺时针方向）和声音信号，电缆周围磁场信号如图4-30所示。

脉冲电流 I 在电缆两侧所产生的磁场的初始方向（极性）是相反的磁场，如图4-31所示，定点仪器在不同的位置采集磁场信号并将波形显示在声磁定位仪液晶显示屏上，当判断初始方向发生变化时，说明仪器探头已移到电缆的另一侧，用此法反复探测即可确定电缆的路径。

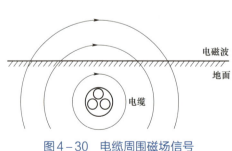

图4-30　电缆周围磁场信号　　　　图4-31　脉冲电流方向及两侧磁场

电缆故障点击穿时产生声音信号，其波形显示在智能定位仪液晶显示屏上，并将声音通过耳机输出以供监听。当声磁定位仪接收到故障点放电声音信号时，移动光标可以标定出声音与磁场信号到达探头的时间差（声磁延时值），由于磁场传播速度远远高于声音传播速度，因此磁场的传播时间可以忽略，声磁延时值即是声音信号从故障点到探头所需的传播时间。根据距离＝时间×速度，即可判断故障点的远近（由于很难确定声音在不同介质中的传播速度，所以还不能根据声磁延时值精确地算出故障点的距离）。通过监听声音和判断声音波形幅值，还可以辨识声音的强度。声磁延时值最小并且声音强度最大的点就是故障点。

2. 定点仪应用范围

声磁定点仪可以测试除金属性短路或接地故障以外，所有加高压脉冲信号后，故障点能发出放电声音的故障。通过比较在电缆两侧接收到脉冲磁场的初始极性，也可以在进行故障定点的同时寻找电缆路径。

（六）识别仪检测技术

在电力施工中，从多条电缆中唯一性鉴别准其中一根目标电缆，因涉及设施及人身安全，避免误锯带电电缆带来的严重事故，所以电缆识别是一项要求很严格的工作。电缆识别需要专业人员从电缆两端开始，就必须保证电缆设备双重编号准确无误。当前该技术有三种鉴别方法：柔性卡钳智能鉴别、柔性卡钳电流测量（辅助手段）、听诊器鉴别（辅助手段）。发射机对中压及以下电缆有两种常用接线方式：直连法（停电目标电缆）、耦合法（带电电缆）。

1. 柔性卡钳智能识别仪原理

柔性卡钳智能识别仪（HL－01多功能智能地下管线探测仪）由两部件组成（见图4－32），一是发射机（发射脉冲信号），二是接收机（接受脉冲信号）。柔性卡钳是接收机上的音频电磁感应线圈，也叫罗氏线圈。识别仪是通过脉冲信号识别法来确认目标电缆。发射器采用直连法发射方波脉冲电流至电力电缆线芯（停电目标电缆）与地之间或护层（带电非目标电缆）与地之间，此脉冲电流在被测电缆周围产生脉冲磁场，通过柔性卡钳拾取电缆上的感应信号，传输到识别接收器。识别接收器可记录并显示此脉冲电流的幅值和方向。测试时，

图4－32　发射机和接收机实物图

先在信号发生器的输入端测试，记录下所测电缆中脉冲电流的幅值和方向等基本信息，然后携带识别接收仪到电缆的任意位置，卡上柔性感应卡钳，识别仪会自动测量并给出识别结果。

2. 柔性卡钳智能识别仪应用范围

电缆识别仪适用于中压及以下统包型电缆即可唯一识别已停电目标电缆，也可识别带电非目标电力电缆。

技能操作

一、低压脉冲检测

（一）低压脉冲法接线及故障测距操作方法

低压脉冲法接线如图4-33所示。

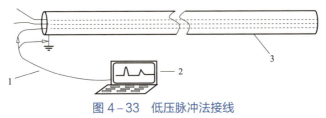

图4-33 低压脉冲法接线
1—测试引线；2—低压脉冲测试仪；3—被测电缆

1. 故障测距操作方法

（1）低压脉冲测试仪输出引线，一端连接被测电缆完好相，一端连接电缆钢铠接地。

（2）启动电脑、打开测试软件。

（3）选择低压反射工作方式，调整幅度旋钮，选择与被测电缆对应的介质速率和采样频率。

（4）先测试完好相，从测试端向电缆中输入一个低压脉冲信号，该脉冲信号沿着电缆传播，当遇到电缆开路终端时，测试界面的主显示区出现一个低压发射脉冲波形，在测试仪器的屏幕上有两个光标，一个是实光标，仪器自动把它放在屏幕的最左边为测试始端，另一个是虚光标，需要人为地把它放在阻抗不匹配点反射脉冲的起始点处，这样在屏幕的右上角，就会显示阻抗不匹配点距测试端的距离即电缆全长波形。同样操作方式再测试故障相，当移动虚光标到阻抗不匹配点反射脉冲的起始点处，屏幕的右上角，就会显示故障点距测试端的距离。

（5）当两次分别取得合适的波形时，暂停采样，判读波形，保存波形即可。

2. 断路故障波形

低压脉冲法实测断路故障波形见图 4–34，可以看出测试范围设置在 500m 时，电缆反射脉冲与发射脉冲极性相同，说明电缆故障点已开路，当把实光标放在屏幕的最左边作为测试零端，虚光标移到一次反射波形的上升沿时即阻抗不匹配点反射脉冲的起始点处，即可测量出故障点的距离，实测为 70m。

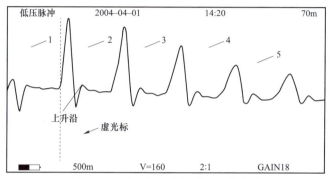

图 4–34 低压脉冲法实测断路故障波形

1—发射脉冲波形；2—一次反射波；3—二次反射波；4—三次反射波；5—四次反射波

3. 低阻故障波形

在范围方式不变时，通过比较电缆故障相与完好相的脉冲反射波形，可以更容易的识别电缆故障点。

先测量一完好相的脉冲反射波形，将其记忆下来，再测量故障相的脉冲反射波形，按"比较"键，将两波形同时显示在屏幕上，将光标移动至波形开始差异处，即为故障点。低压脉冲比较法实测低阻故障波形如图 4–35 所示。

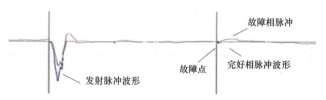

图 4–35 低压脉冲比较法实测低阻故障波形

（二）操作常见问题及处理方法

1. 常见问题

（1）用仪器进行故障测距前，没有判断故障相及其故障性质。

（2）用兆欧表测试后电缆没有充分放电。

（3）测量范围选择不合适，如测量全长约100m的电缆，选用400m测量范围，如图4-36所示。

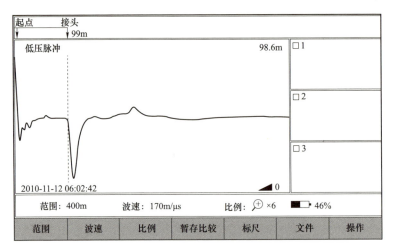

图4-36　测量范围选择不合适错误示范图

（4）选择波速度不合适。

（5）反射脉冲起始点位置不合适。

（6）无法测量电缆长度。

（7）不善于使用暂存比较方法。

2. 识别及处理方法

（1）用仪器进行故障测试之前，应该用万用表对电缆进线进行测试，以判断是断路、低阻、高阻故障；用500V兆欧表对电缆进线进行测试，以判断故障相是单相、两相、三相故障。

（2）当用兆欧表对电缆进线测试之后，一定要把电缆中的残余电放干净。切不可未放电或未放电干净就接测距仪进行故障距离测试。

（3）初始测试时选择的范围应大于电缆全长2倍及以上，如电缆全长为1400m，则应选择3000m范围，而不应选择1500m。若为了发现可疑点，为了得到更高的测距分辨率，可以适当将范围缩小。如测量全长约100m的电缆，选用200m测量范围，反射波形拐点的清晰度会更高，根据需要可以进一步的修正故障点反射波的长度，更接近于真实值。测量范围选择正确示范图如图4-37所示。

测量范围选择实际上就是选择发射脉冲的宽度，测量范围愈远，脉冲愈宽。发射脉冲越宽，测量盲区愈大。若脉冲宽度0.5μm，波速度160m/μm，则测量盲区约为40m，则该脉冲宽度适合测量较长的电缆，如大于1000m的电缆测距；为此，建议对于50m以内距离电缆建议用2μs低压脉冲进行测试；50～1000m

建议用 0.2μs 低压脉冲进行测试；对于 1000m 以上电缆建议用 2μs 低压脉冲进行测试。

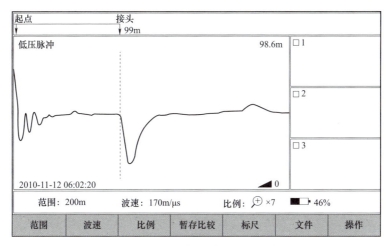

图 4－37　测量范围选择正确示范图

（4）仪器利用行波法进行测距，将行波传播时间乘以波速度得到故障距离，而行波速度与电缆的绝缘介质直接相关，因此根据电缆类型选择正确的波速度是测距正确的前提。选择波速菜单，再根据电缆选择不同的波速，可直接调整波速加和波速减功能键可以微调波速，调到合适的值，波速菜单如图 4－38 所示。

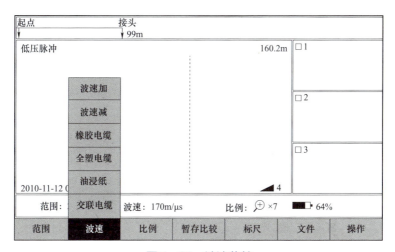

图 4－38　波速菜单

根据常用的电缆类型直接设定波速。交联：交联聚乙烯电缆，波速 170～172m/us。油纸：油浸纸电缆，波速 160m/us。全塑：聚乙烯全塑电缆，波速 201m/us。

橡胶：橡胶电缆，波速 220m/μs。

（5）在实际测试时，应选波形上反射脉冲造成的拐点作为反射脉冲的起始点（见图4-39虚线所标定处，亦可从发射脉冲前沿作一切线，与波形水平线相交点，可作为反射脉冲起始点。

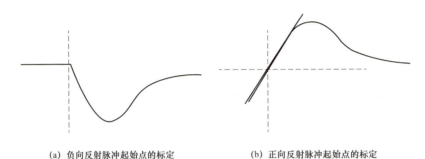

（a）负向反射脉冲起始点的标定　　　　　（b）正向反射脉冲起始点的标定

图4-39　反射脉冲起始点标定

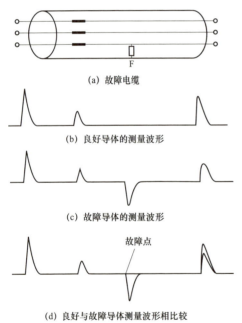

（a）故障电缆

（b）良好导体的测量波形

（c）故障导体的测量波形

故障点

（d）良好与故障导体测量波形相比较

图4-40　波形比较法测量单相对地故障

（6）测量引线有断线的可能，故在使用前，要认真检查测试仪测量线的红黑两个线夹与 BNC 端头的通断。

（7）波形比较法测量单相对地故障见图4-40。在图4-40（a）所示的电缆中，一中间带接头的电缆发生单相接地故障，首先在良好的芯线上测得一波形［见图4-40（b）］然后在故障芯线上测量波形［见图4-40（c）］，把二者进行比较，在波形上 F 处二波形明显出现差异，这是由于故障点发射脉冲所造成的［见图4-40（d）］，该点所代表的距离即是故障点位置。暂存比较操作如图4-41所示。

点击 1 区暂存（菜单栏倒数第一行），将当前波形（接地相故障反射波形）显示在暂存 1 区窗口（右上角）。其他暂存键功能相同。当再次测量完好相反射波形并显示在主窗口后，点击 1 区比较（菜单栏正数第三行），将暂存 1 区内波形显示在主窗口中，于当前完好相反射波形对比，出现明显差异处，就是故障点位置，波形示范图如图4-42所示。其他比较功能相同。

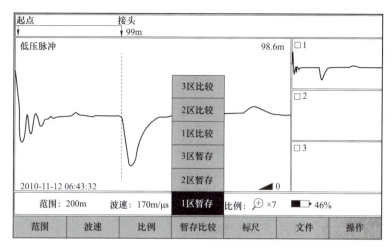

图 4-41 暂存比较操作

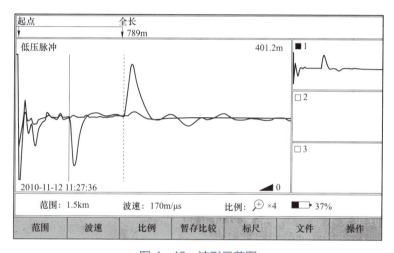

图 4-42 波形示范图

二、高压闪络法检测技术

（一）高压闪络法测距接线及故障测距操作方法

1. 高压闪络法测距接线

高压闪络法测距接线如图 4-43 所示。首先将调压器、升压变压器、高压电容、球形间隙、地线按要求接线，接线要牢固可靠；然后将线芯电流耦合器一端安装在高压电容与电缆金属接地线之间，另一端通过 BNC 接口连接在低压脉冲测试仪上；最后再将放电棒接在电缆金属接地处，并检查整个接线回路和电源无误后，即可等待工作负责人下令操作。

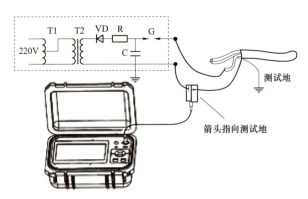

图 4-43　高压冲闪法测距接线

2. 故障测距操作方法及典型的脉冲电流冲闪法波形

操作人员站在绝缘垫上，经检查符合升压条件后，进行如下操作：

（1）启动冲闪测距仪，打开测试软件，选择脉冲电流工作方式，调整幅度旋钮，选择与被测电缆对应的介质速率（170m/μs）和采样频率（100MHz）、测试范围（约电缆全长的 3 倍以上），把增益旋钮旋至较小的位置，然后点击仪器的等待触发键，显示器正中间显示一条笔直的线，下边沿显示"延时时间 0μs"。

（2）逐渐升负高压使球形间隙放电，将冲击负高压加到电缆上，使故障点放电，这时冲闪测距仪被触发，显示出新的当前波形。典型的冲闪法波形、较长延时的冲闪法波形、近距离故障冲闪法波形、极近距离端头故障冲闪法波形如图 4-44 所示。

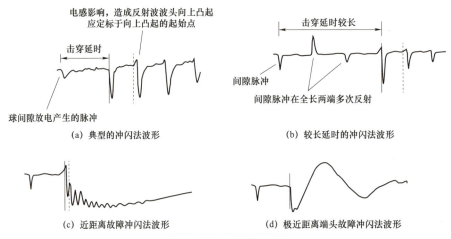

(a) 典型的冲闪法波形　　　　　　　　(b) 较长延时的冲闪法波形

(c) 近距离故障冲闪法波形　　　　　(d) 极近距离端头故障冲闪法波形

图 4-44　典型放电图

（二）二次脉冲法测距接线及典型的波形分析

1. 二次脉冲法接线测距及故障测距操作方法

二次脉冲法测距接线测试原理图如图 4−45 所示。

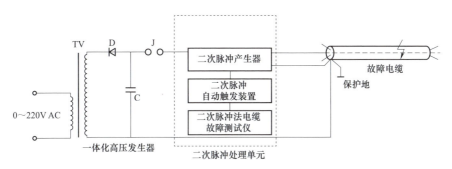

图 4−45　二次脉冲法测试原理图

2. 二次脉冲测距操作方法及典型的脉冲电流冲闪法波形

二次（多次）脉冲法测距接线图如图 4−46 所示，操作人员站在绝缘垫上，经检查符合升压条件后，进行如下操作：

图 4−46　二次（多次）脉冲法测距接线图

（1）启动冲闪测距仪，打开测试软件，选择二次脉冲工作方式，调整幅度旋钮，选择与被测电缆对应的介质速率（170m/μs）和采样频率（100MHz）、测试范围（约电缆全长的 3 倍以上），把增益旋钮旋至较小的位置，然后点击仪器的等待触发键，显示器正中间显示一条笔直的线，下边沿显示"延时时间 0μs"。

（2）逐渐升负高压使球形间隙放电，将冲击负高压加到电缆上，使故障点充分放电，并能延长故障点击穿后的电弧持续时间。同时，产生一个触发脉冲并启动二次脉冲自动触发装置和二次脉冲电缆故障测试仪。二次脉冲自动触发装置立即先后发出两个测试低压脉冲（见图 4-47）。一个是在高压电弧产生的瞬间，向电缆发射一低压脉冲，记下此反射波形，由于电弧可认为是低阻或短路的故障，发射脉冲波形和反射脉冲波形极性相反，反射波形极性为负，波形向下；第二个是高压电弧熄灭后，向电缆发射第二个低压脉冲，记下此反射波形，由于故障点处于高阻状态，发射脉冲波形和反射脉冲波形极性相同，反射波形极性为正，波形向上为电缆全长（或末端开路）。将两波形同时显示在屏幕上，由于两脉冲反射波形在故障点出现明显差异点，可很容易地判断故障点位置，如图 4-48 所示。

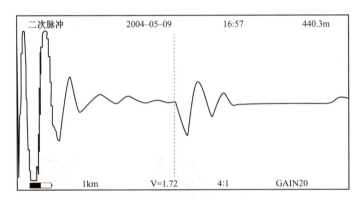

图 4-47　电缆的全长（或末段开路）一次脉冲波形

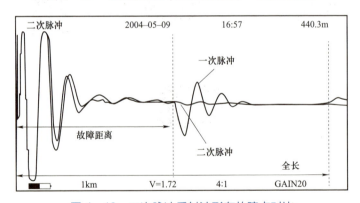

图 4-48　二次脉冲反射波形在故障点对比

（三）操作常见问题及处理方法

1. 常见问题

（1）脉冲电流方式测量范围不当。

（2）线性电流耦合器安装位置不正确，如图 4-49 所示。

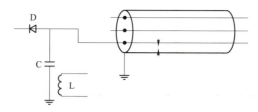

图 4-49　线性电流耦合器安装位置不正确示意图

（3）故障点击穿与否的判断不正确。

（4）无法识别故障点不击穿的脉冲电流波形。

2. 识别及处理方法

（1）初始测试时，选择范围应大于等于电缆全长的 3 倍。如电缆全长为 200m，则应选择 800m 测试范围。若发现可疑点较近，为了得到更高的测距分辨率，可以适当将范围缩小。

（2）在实际测试中，往往出现因接线或线性电流耦合器 L 放置位置不当而造成的波形不规范，不容易识别故障点距离。应严格按图接线，把高压发生器接地线与电容器低压侧出线连接在一起后接电缆的外皮。图 4-51 是一种不正确的接线方法，操作人员往往图方便，把电容低压侧出线接在接地网上，通过接地网与电缆外皮相接。行波经过接地网传播，可能因传输距离较长，造成脉冲电流波形不规范。应尽量缩短电容与电缆之间的连续，以避免因导引线过长造成波形失真。线性电流耦合器 L 应放在电容器低压侧出线上。

（3）故障点击穿，除了测量仪器被触发显示出波形外，还可通过以下现象判断：

1）电压突然下降，电压表指针向刻度零点摆动。

2）直流泄漏电流突然增大，微安表指针突然向上摆动。

3）过电流继电器动作。

4）与试验设备相接的地线处出现"回火"，听到"啪啪"的响声。

典型的故障点不击穿时的冲闪测试行波图见图 4-50。故障点不击穿时脉冲电流波形分析图，见图 4-51，通过传播网格图、电流波形以及线性电流耦合器的输出，进一步来分析电流波形的产生过程。首先说明，球间隙放电后，即被电弧短路，储能电容相当于直流电源，对高频行波信号呈短路状态，电流波反射系数 $\rho_i = +1$；而电缆远端开路，电流波发射系数 $\rho_i = -1$。假设在 $t = 0$，电容上电压为 $-E$ 时，球间隙击穿，产生沿电缆向前运动的电流波 $i_0 = -E/Z_0$，电流波在电缆远端产生负的反射波 $i_0 = -i_0 = E/Z_0$ 返回测量端，远端反射电流波在测量端产生正的全反射，直到能量全部消耗掉。把测量端所有电流行波相加后，可得到如图 4-51（b）所示的电流波形，图 4-51（c）对应的是线性电流耦合器输出。可见，故障点未击穿时，脉冲电流波形是交替变化极性的脉冲，相邻脉冲之间的距离对应电缆长度。

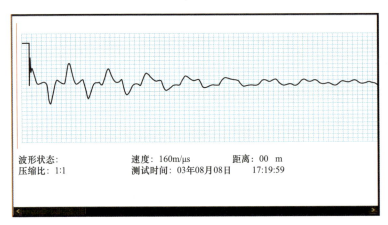

图 4-50　典型的实测故障点不击穿时的冲闪测试行波图

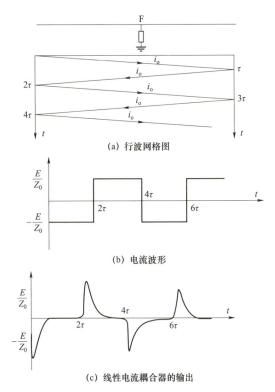

图 4-51　故障点不击穿时脉冲电流波形分析图

三、高压电桥检测

（一）高压电桥测距接线及典型的计算分析

1. 高压电桥测距接线

高压电桥测距线操作如图 4-52 所示。

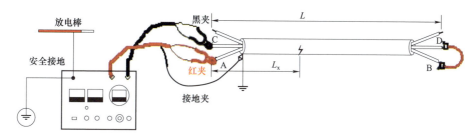

图 4-52　高压电桥测距接线

图 4-52　高压电桥测距接线

2. 故障测距操作方法及典型的故障测距计算

（1）HP-W10 高压电桥定位仪面板示意图如图 4-53 所示。

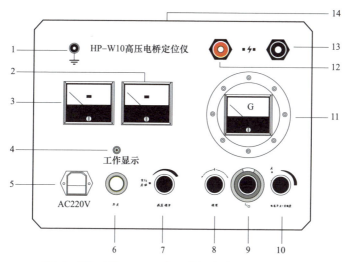

图 4-53　HP-W10 高压电桥定位仪面板示意图

1——接地座：仪器外壳及电桥电气安全接地点，通过专用接地线与地相连，使用过程中务必可靠接地，以确保人身安全。

2——输出电流表：单位为 mA。

3——输出电压表：单位为 kV。

4——工作指示：电压调节旋钮逆时针旋转到底，零位合闸后，指示灯亮，方可输出高压。

5——电源插座：AC220V±10%，50Hz。

6——电源开关：按下，环形灯亮为开；按上环形灯灭为关。

7——高压调节：高压调节电位器带零位开关，逆时针调节到底能听到咔嗒一声，完成零位合闸，顺时针调节为升压，逆时针调节为降压。

8——检流计调零：调节表头电气零位。内置放大器、连接线接触电势、热电势、空间电场都可能使指针偏离零位。应在连线完成，电源打开未升压时调零，可消除上述干扰。

9——定位千分比调节：为电桥电阻调节旋钮，外圈数字对应为 100‰，内圈对应为 10‰、1‰。读数 P‰＝外圈数字+内圈数字，如图 4-54（a）读数应为720‰，图 4-54（b）读数应为315‰。

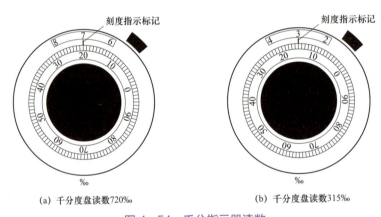

（a）千分度盘读数720‰   （b）千分度盘读数315‰

图 4-54　千分指示器读数

10——电池开关/灵敏度调节：有三个用途，第一，检流计电池的开关；第二，在"关"位置时，短路比例电位器，断开检流计，防止冲击电流损坏电桥，第三，调节检流计灵敏度。顺时针旋转，灵敏度由小到大；在调节过程中，应逐步提高灵敏度，使指针偏转对‰旋钮的微小调节敏感。

11——检流计：指示电桥平衡情况。

12——输出线端：红色夹子，测量电缆首端。

13——输出线端：黑色夹子，测量电缆末端。

14——电池：打开电池开关后，若调零时检流计不动作或者动作异常，可能是电池电量不足。应更换 9V 方块电池。方法如下：先关闭电源，并对测量线可靠放电，拧开电池盒旋钮盖，拉出电池，更换。应注意，电桥工作时电池处于高电位，因此，换好的电池及电池连接线一定要放回原位，拧好电池盒旋钮盖。

（2）操作方法如下：

1）用万用表、绝缘电阻表或其他耐压设备确认电缆击穿状态，记录各相线的对地绝缘电阻或击穿残压等数值。

2）记录待测电缆长度、型号、截面等参数，沿电缆敷设路径巡视，在远端将故障相与故障相可靠短接（接触电阻越小越好），并留一人在远端监护，以免高压伤人。

3）接线。仪器接地端可靠接至定位现场接地体。放电棒接在接地端。测量首端（红夹）接在故障线线芯，测量末端（黑夹）接辅助线线芯。

4）电桥调零。电池开关置"开"，旋转调零钮，（若指针偏左，顺时针旋转，指针偏右，逆时针旋转）。使检流计指零。此后电池开关及时置"关"。确认电池开关置"关"，在"关"位置时，不但关闭检流计放大器电池，同时短路比例电位器，断开检流计。可避免升压燃弧阶段的脉冲电流损坏电桥。因此，在电流稳定前，电池开关必须处于"关"位置。

5）电源接在 AC220V。仪器内电源插座接地点悬空，因此，不要求电源线可靠接地。

6）升压。首先将高压调节旋钮逆时针旋转至零位，为了使得高压恒流源从零开始，逐渐升高，防止打开电源开关时，突然有一个较高电压输出，保证升压过程的安全。打开电源开关，电源指示灯亮。

7）顺时针缓慢旋转高压调节钮，观察电压表及电流表，直到电流表超过8mA。若电流不稳定，可继续升高电压，保持一段时间，形成稳定电弧或导电区，使测试过程的电流稳定。

8）平衡调节。顺时针旋转放大旋钮，逐档增大灵敏度，至检流计有明显偏转但不过度，旋转‰刻度盘，使检流计指零（若指针偏左，顺时针旋转，指针偏右，逆时针旋转）。逐档提高灵敏度，使指针偏转对‰旋钮的微小调节敏感即可。

9）记下此时‰刻度盘的读数 P_1‰。应有 $P_1 \leqslant 500$，否则可能由于红黑夹接反。

10）降电压，关闭电源，放电，并经另一人确认。将测量钳交换位置（回流接地C形夹不必更换位置）。重复步骤4）。

11）得到另一读数 P_2，应有 $P_1 + P_2 = 1000$。该过程能避免读数及测量钳使用上的错误，$P_1 + P_2$ 不必追求完全等于 1000。在 9990 及 1010 之间均属正常。在高压合闸，无电流输出，当前灵敏度档重复调零能得到更为准确的比例。

12）计算。故障点的位置为：$X = 2 \times L \times P_1‰$，应特别注意公式中的"2"，辅助电缆使参与计算的电缆延长了一倍。

（3）典型的故障测距计算。

电缆型号为 YJV22−8.7/15−3×400−667m，全程直埋敷设，路径资料齐全，变电站侧电缆接地为双接地，1 号环网柜侧为双接地，10kV 电缆有 3 个中间接头，三相绝缘电阻为 A 相 2500MΩ、B 相 2500MΩ、C 相 5kΩ。

严格按照操作要求，分别进行完好相与故障相的"正接"和"反接"两次测量。测量数据如图 4−55 所示，测试端为 220kV 变电站 10kV 电缆板侧。

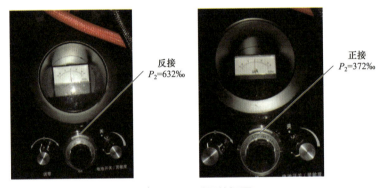

反接
$P_2=632‰$

正接
$P_2=372‰$

图 4−55　测量数据图

经公式计算：$L_X = 2 \times P_1 \times L = 2 \times 372 \times 667 = 496m$，因为全长 667m，故障点与 1 号环网柜距离约为 171m，1 号环网柜侧低压脉冲法波形图如图 4−56 所示，这个位置就是第一个中间接头处。

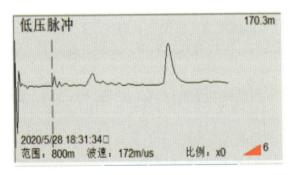

图 4−56　低压脉冲法波形图

（二）高压电桥操作常见问题及处理方法

1. 常见问题

（1）测量钳使用不当。

（2）电流不稳定。

（3）电桥的灵敏度选择不当。

2. 识别及处理方法

（1）在预定位故障点时，测量钳的红黑夹子分别接至比例电位器及检流计，相当于双臂电桥的P、C端，显然不能直接短路，铝芯表面有氧化层，应砂光处理。

（2）电桥在稳定电流下才能平衡。升压前，灵敏度档应位于"关"位置，短路电桥，防止冲击电流损坏检流计放大板。开始升压时，高阻击穿点往往有爬电，使电流波动，保持最大电流几分钟，电流将趋于稳定。某些闪络型故障，需要更长时间，故障点经频频放电，形成电弧后，电流达到稳定。使用脉冲源和定位电桥同时加压，可提高烧穿功率，缩短电流稳定时间。

（3）充分理解影响灵敏度的因素对测试有帮助：

1）通过电桥的电流越大，灵敏度越高。

2）电缆导体电阻越大，电桥获得的灵敏度越高，即细而长的电缆灵敏度较高，粗而短的电缆灵敏度较低。对于截面大，长度短的电缆，应尽可能增大电流，选用较高的灵敏度档位。

3）对于相间击穿的定位，选择截面较小的线芯为桥臂，灵敏度较高。

四、路径仪检测技术

（一）路径仪接线及操作方法

1. 芯线—大地接线

（1）芯线—大地接线如图4-57所示。

（2）操作方法。芯线—大地接法是对退出运行的不带电故障电缆进行路径探测和鉴别的最佳接线方式，可以充分发挥仪器的功能，并能最大程度地抗干扰。这种方法的缺点是需要将电缆两端的接地线全部解开，略显繁琐。

1）将电缆金属护层两端的接地线均解开，将发射机的红色鳄鱼夹夹在一条完好芯线上，黑色鳄鱼夹夹在打入地下的接地钎上。

2）在电缆的对端，对应芯线接打入地下的接地钎。注意：尽量使用接地钎，而不要直接用接地网。至少在电缆的对端必须用接地钎，接地钎还需要离接地网一段距离，否则会在其他电缆上造成地线回流，影响探测效果。

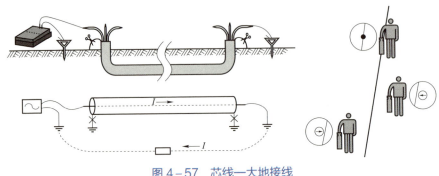

图 4-57　芯线一大地接线

3）电流自发射机流经芯线，在电缆对端进入大地，流回电缆近端返回发射机。这种接法在地面探测时可以感应到很强的信号，而且在本条电缆上没有其他感应电流的影响，信号特性比较明确，可以充分利用仪器的电流方向测量功能；信号在绝缘良好的芯线上流过，不会流到邻近管线上，尤其不会流到交叉的金属管道上，最适于在复杂环境下进行路径查找。另外由于电缆接地，流经电缆的信号电压很低，不容易对邻线产生电容耦合，减少干扰。由于存在芯线和大地之间的分布电容，随距离的增加，电流会逐渐减小。但若接地良好，电容电流很小，可以不予考虑。

4）当接收机接近管线上方时如屏幕中央的罗盘能直观显示接收机下方的电缆位置，而且中央的箭头指向电缆；当接收机正好位于管线正上方时，箭头变为原点，可以对管线进行快速跟踪。观察箭头方向，如果箭头向右，则表示电缆在右边，应该向右移动，反之向左。当箭头变为圆点，而且左右稍微移动，箭头即会反向，接收机即在电缆的正上方。注意，信号微弱，或干扰强时，原点并不总是出现，以箭头发生方向变化为准。

2. 护层一大地接线

（1）护层（铠装及铜屏蔽层）一大地接线如图 4-58 所示（图片来自 HL-01 多功能智能地下管线探测仪）。

（2）操作方法。铠装及铜屏蔽层护层外部的绝缘层若有破损，部分电流将由破损点流入大地，造成破损点后的电流突然减小，减小幅度与破损点的接地电阻有关。

1）将电缆近端的铠装及铜屏蔽层护层接地线解开。

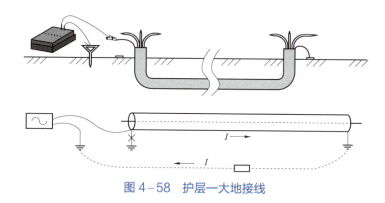

图 4-58　护层—大地接线

2）对端的电缆铠装及铜屏蔽层护层保持接地。

3）信号加在铠装及铜屏蔽层护层和接地钎之间（不可使用接地网），电缆相线保持悬空。

4）电流自发射机流经护层，在电缆对端进入大地，流回电缆近端返回发射机。这种接法不存在屏蔽，因而在地面上产生的信号最强，信号特性也比较明确。同样，由于铠装及铜屏蔽层护层和大地之间分布电容的存在，信号会自近向远逐渐衰减。

3. 相线—护层接线

（1）相线—护层（铠装及铜屏蔽层）接线如图 4-59 所示。

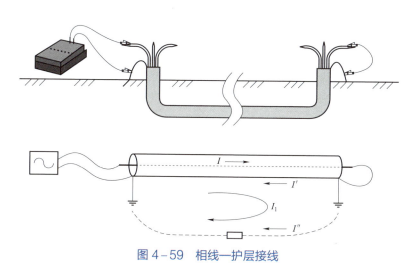

图 4-59　相线—护层接线

（2）操作方法。相线一护层法的优点在于接线简单，不需要解开接地线。缺点是当多条电缆同路径敷设时，各条电缆信号相差不大，仅靠信号幅值有时难以区分；当单线敷设时，有效电流大幅减少，信号较弱，而且有效电流中含有感应电流成分，目标电缆和邻近管线的感应信号相位相同，在使用智能模式时，有可能无法根据电流方向排除邻线干扰。

1）发射电流信号加在电缆一相和铠装及铜屏蔽层护层之间。

2）对端相线和铠装及铜屏蔽层护层短路。

3）铠装及铜屏蔽层护层两端保持接地。

4）电流信号 I 自发射机流经芯线，再经铠装及铜屏蔽层护层电流 I' 和大地电流 I'' 两个回路返回。因为铠装及铜屏蔽层护层由连续金属组成，电阻很小；大地回路由于存在两端接地电阻，再加土壤电阻，总阻值较大，故大部分电流将通过护层电流 I' 返回，少部分电流通过大地电流 I'' 返回。由于芯线电流 I 和铠装及铜屏蔽层护层电流 I' 反向，能在外部一定距离产生磁场信号的有效电流为其差值，数值近似为通过大地返回的电阻电流 I''。另外，由于芯线一铠装及铜屏蔽层护层回路和铠装及铜屏蔽层护层一大地回路存在互感，通过电磁感应也能够在护层一大地回路产生感应电流，综合效果为有效电流等于大地回路的电阻电流和感应电流的矢量和（两者存在相位差）。根据现场情况的不同，有效电流可能会占总注入电流的百分之几到百分之十几。如果存在同路径敷设（两端位置均相同）的其他电缆，则返回电流主要被其他电缆的铠装及铜屏蔽层护层分流。如三条电缆同路径，则三条电缆的铠装及铜屏蔽层护层返回电流各占注入值 I 的 1/3；有效电流与注入值 I 同向，占注入值 I 的 2/3；邻线电流反向，占注入值 I 的 1/3。并行电缆的分流效果如图 4-60 所示。

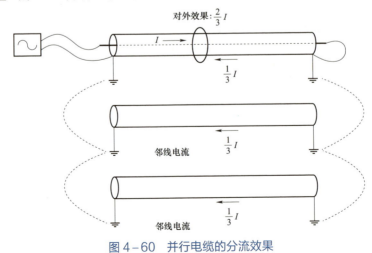

图 4-60　并行电缆的分流效果

4. 相间接线

（1）相间接线如图4-61所示。

（2）操作方法。

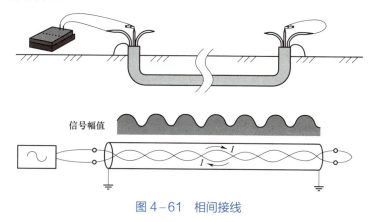

信号幅值

图4-61　相间接线

1）发射信号加在电缆两相之间。

2）电缆的对端两相短路。

3）两相线在电缆内部扭绞，其电流值相同且方向相反。由于两相线虽相距很近，但仍有一定间隔，故两相线和接收机线圈之间的距离会有微小差异，两相线在此处产生的磁场方向相反，但强度因距离的差异而不会完全相同，虽大部分相互抵消，但仍有小部分残余，金属护层的屏蔽作用会将其进一步削弱，最后的剩余信号才能被接收。因为扭绞的原因，信号会沿电缆路径有周期性的幅值和方向的变化。在一个扭绞周期内，对外辐射的磁通因方向连续变化360°而相互抵消，故不会在护层—大地回路产生感应电流。由于有效信号很小，使用高频信号将比低频信号更易于探测。相间接法无法使用接收机的电流方向测量功能排除邻线干扰。

（二）操作常见问题及处理方法

1. 常见问题

（1）接收机与发射机频率不同步。

（2）接收机使用前没有标定目标电缆正确方向。

（3）不理解窄频与宽屏使用区别。

2. 识别及处理方法

（1）使用时，要将接收机与发射机的频率调整一致。

（2）接收机在使用时，在发射机发射信号端，对目标电缆要进行方向同步标定。

（3）窄频一般用在短电缆的路径测量上，宽频用在较长电缆的路径测量上。

五、定点仪检测技术

（一）声磁同步故障定点接线及操作方法

声磁同步故障定点系统接线原理图及实物图如图4-62和图4-63所示声磁同步定点仪由声磁同步显示仪、声磁定点探测器组成。

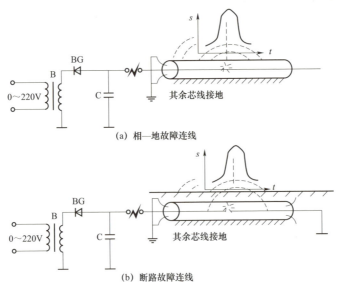

(a) 相—地故障连线

(b) 断路故障连线

图4-62 系统接线图

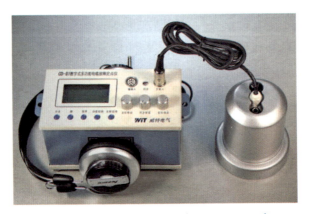

图4-63 声磁同步定点仪（来自CD-81）

（二）操作方法

声磁同步定点仪测距图见图4-64。

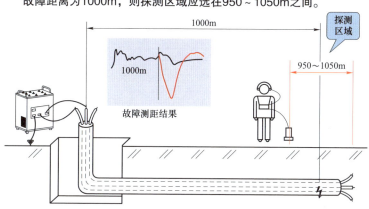

探测区域主要根据测距结果选择，如通过测距仪得到
故障距离为1000m，则探测区域应选在950～1050m之间。

图 4−64 声磁同步定点仪测距图

（1）整个试验过程满足安全要求。

（2）首先要确定电缆路径故障点的范围，进行故障定点。如图 4−64 所示的故障距离为 1000m。

（3）选择定点探测区域，一般控制在 950～1050m 之间。

（4）信号鉴别，在对直埋电缆进行定点时，将探头放在电缆上方。

（5）如果没有采到信号，说明声磁探测器的位置距离故障点还比较远，应沿电缆路径方向将探头移动 1～2m 的距离重新探测。直至采到信号。

（6）如果故障点击穿放电时，智能定位仪液晶显示屏显示采集到的磁场和声音信号波形。

（7）利用声磁延时值来判断故障点的远近。仪器一旦被磁场触发，就开始记录声音信号，声音波形零点就是磁场触发的时刻。刚开始，信号还没有传到探头，波形比较平直，或仅有微弱的不规则噪音波形；信号到来时，信号特征波形开始出现。平直波形的长度代表了声磁延时的长短。

（8）采集到信号波形后，光标可能在零点，也可能在其他位置，这时显示的时间值没有意义，需要使用"＜"和"＞"键将光标移动到平直波形结束、放电声音波形开始出现的位置，相应显示的时间值就是声磁延时值，即放电声音信号从故障点传到探头需要的时间，时间越长，故障点距离越远，时间越短，距离越近。声音延时的测量见图 4−65。

（9）将探头沿电缆路径方向移动一段较小的距离，重新采样，如果测得的声磁延时值变小，说明这次比上次相比靠近了故障点，反之说明远离了故障点。

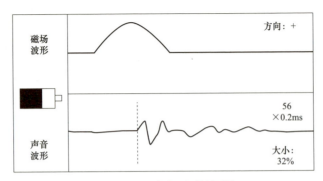

图 4-65　声音延时的测量

（10）重复上述过程，直至找到一个声磁延时值最小的点，观察声音幅值大小的百分数最大，还可以用耳机监听来人工分辨声音最强点，就是故障点，如图 4-66 所示。

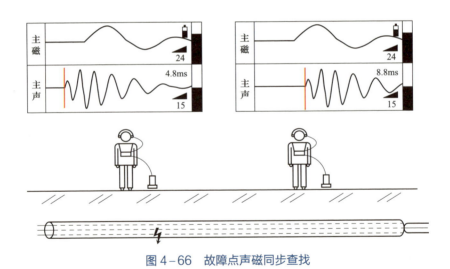

图 4-66　故障点声磁同步查找

（三）操作常见问题及处理方法

1. 常见问题

（1）路径不清。

（2）冲击电压幅值低。

（3）放电周期调整不当。

（4）干扰太大。

（5）冲闪设备停止工作。

（6）定点不成功。

2. 识别及处理方法

（1）定点之前探明电缆敷设走向和埋设位置。

（2）在冲击高压发生器对电缆故障做高压冲击时，可提升冲击容量（$P=1/2 \times CU^2$），即提升高压电容的电容量或提升冲击电压有效值。

（3）放电周期太长，应调整约 2～3s/次。

（4）噪音干扰太大，定点时尽量减少人说话、行走产生的干扰声音。

（5）在冲击高压发生器对电缆故障做高压冲击时，设备过电流保护跳闸，定点时要注意高压冲闪设备是否正常。

（6）如果在较大范围内还没有采到信号，应首先检查故障测距的结果是否正确，如果不能确定，要再次进行测距；如果故障电阻偏低，造成放电信号过于微弱而不易探测，应尽量提高放电电压，或加大电容，再进行定点，移动探头时也要适当缩小每次移动的距离。

六、识别仪检测技术

（一）柔性卡钳智能识别仪接线及操作方法

1. 柔性卡钳智能识别仪接线及系统（见图 4-67）

（1）识别仪主要由发射机和接收机组成。该识别系统中有停电的目标三相统包电缆和非停电的三相统包运行电缆组成。辅助线具有两个接地钢钎和 BNC 接口线（发射机用）、短接线（接地用）。

（2）接收机界面介绍：开机状态下，接收机自动识别连接的附件，设为卡钳接收模式，界面如图 4-68 所示。

接收机开机默认工作在 1280Hz，将频率设定为和发射机一致；卡钳模式下不需要调整增益，直接显示电流值，并且和标定的电流对比计算并显示其百分比；相位表盘显示电流相位；鉴别结果显示鉴别正确图标✅或错误图标❌。

2. 柔性卡钳智能识别仪操作方法

（1）整个试验过程满足安全要求。

（2）发射机与 BNC 连接线连接停运的目标电缆。采用直连法，且优先采用芯线—大地接法；若不方便接线，则使用相线—护层接法，不建议采用护层—大地接法。对于运行电缆优先使用卡钳耦合法，不能使用辐射法发射信号。开机后发射机默认的 1280Hz 发射频率。当超长电缆可选用 640Hz。

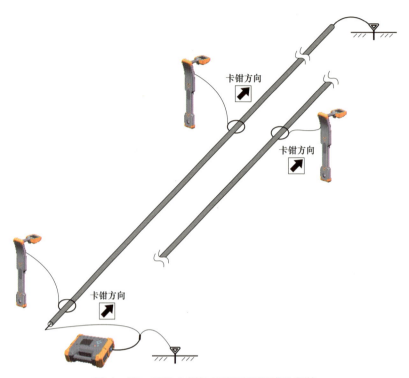

图 4−67 柔性卡钳智能识别仪接线及系统

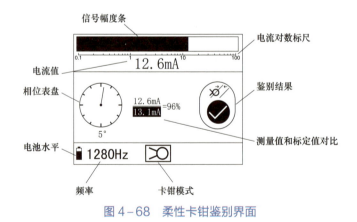

图 4−68 柔性卡钳鉴别界面

（3）接收机与柔性卡钳连接，将柔性卡钳引出线的 BNC 插头插入接收机的附件输入插座。

（4）接收机基准标定。柔性卡钳智能鉴别需要接收机首先在目标电缆的已知位置测量其电流强度及相位，作为比较的基准，在未知点的测量结果与基准比较，作出鉴别正确或错误的判断。测量并记录基准电流及相位的过程即为标定。在靠近发射机，又确保不会受其干扰的位置进行标定。对于卡钳耦合发射信号，应离开发射卡钳至少 2m。将接收卡钳卡住目标电缆。注意卡钳的方向箭头必须指向电缆末端。

（5）按接收机标定键，屏幕左上角闪烁提示：⬛，询问是否要进行卡钳标定，若按其他键，将取消标定操作，若再次按标定键，显示将变为：⬛，提示标定完成：当前相位归零，相位表盘指针指向正上方，表盘下的角度变为 0°，同时电流值作为对比计算的分母（反显），鉴别结果显示为正确✅。以后的鉴别测量均以此作为基准。标定完成后数据关机不丢失。在对另一条电缆进行鉴别时，必须针对新的目标电缆重新标定。

（6）离开标定点，到达需要鉴别的位置，将柔性卡钳卡住电缆。注意柔性卡钳的方向箭头保持指向电缆末端。

（7）如果卡住的是目标电缆，则其电流强度和相位均应与标定点的测量结果相差不大，如果符合以下判定标准：电流值大于标定值的 75%，且小于 120%，电流相位差不超过 45°，则说明是目标电缆线路，鉴别参考结果显示为正确✅，若不符合以上判据，说明是邻近的其他电缆线路，鉴别参考结果显示为错误❌，如图 4－69 所示。

（二）操作常见问题及处理方法

1. 常见问题

电缆鉴别涉人身及设施安全，必须在仪器给出结果的基础上，先根据各种现场信息（如电缆直径等）进行排除，剩余的要充分分析各条并行电缆的电流强度和相位的区别，最后作出判断。

仪器的正确判断建立在正确的操作上，应保证接线方式以及标定操作的正确性。

如果两条或几条电缆均显示鉴别正确，或者全部显示鉴别错误，且观察电流值和相位相差不大，则必须引起特别注意，不要轻易下结论，出现这种情况很可能是发射机接线方法有误，以下几种错误应首先检查：忘记标定或标定不正确；卡钳方向倒置；鉴别中没有卡目标电缆，而是只卡了几条邻线；信号发射方法选用不当；卡钳钳口有污物，擦干净后重新标定、鉴别。如果还不能判断，请使用其他方法进一步鉴别。

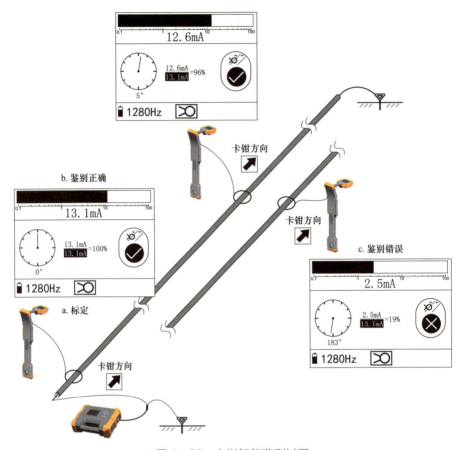

图 4-69　卡钳智能鉴别过程

2. 识别及处理方法

标定和鉴别时，接收卡钳的方向箭头必须指向电缆末端，且须保证卡钳闭合良好。

芯线—大地接法使用较繁琐，但目标电缆上的有效电流最大，且不易受邻近电缆干扰，故应优先采用。示例：目标电缆电流为 I，相位在 0°附近，提示鉴别正确；邻线电流远小于 I，相位接近 180°或不稳定，提示鉴别错误。

采用相线—护层接法发射信号时，若没有同路经敷设的并行电缆（指路径相同且两端位置相同），有效电流会较小；若有同路径电缆，则目标电缆的电流约等于其他电缆电流的和。

示例 1：三条电缆同路径（包括目标电缆），测量结果为：目标电缆电流为 I，相位在 0°附近，提示鉴别正确；两条邻线电流分别为 I/2，相位在 180°附近，提示鉴别错误（可参见图 4-60 所示，并行电缆的分流效果）。

示例 2：两条电缆同路径（包括目标电缆），测量结果为：目标电缆电流为 I，相位在 0° 附近，提示鉴别正确；另一条邻线电流也为 I，相位在 180° 附近，提示鉴别错误。这种情况因为电流强度基本相同，只能靠相位区分，更需要特别注意卡钳方向。

示例 3：其他并行电缆与目标电缆的路径不同（一般为末端在不同位置），测量结果为：目标电缆电流为 I，但数值远较发射机注入值小，相位在 0° 附近，提示鉴别正确；邻线电流接近 0，相位接近 180° 或不稳定，提示鉴别错误（可参见图 4-59 所示相线—护层接线）。

若采用护层—大地接法发射信号，护层绝缘破损接地将会造成破损点后电流减小，可能影响电流强度判据的使用，故不建议采用。

若采用卡钳法对运行电缆发射信号，由于发射卡钳会向空间辐射信号对接收造成干扰，必须保证在标定时，发射和接收卡钳距离 2～5m。是否受干扰的判断方法：先进行标定，再在同一位置，将卡钳离开电缆，仅在空气中闭合，观察测量的电流值，若此时电流远小于标定时的电流而接近 0，说明离开的距离足够；否则应继续加大两者的距离。

若采用卡钳法对运行电缆发射信号，必须保证电缆两端良好接地，以形成较大的耦合电流。如果电流很小，应注意并检查，包括确认卡住的是目标电缆。

本方法不适于鉴别超高压单芯运行电缆。由于单芯电缆芯线流过的工频电流很强，而且没有三芯统包电缆的三相抵消效果（对外表现为相对很小的零序电流），如果将卡钳卡住电缆本体，则很容易造成卡钳的磁饱和，无法正确接收高频信号。

示例 4：发射机卡钳耦合法中，卡钳使用位置不对，卡钳使用位置正确和错误示范如图 4-70 所示。

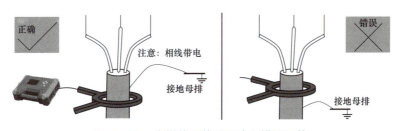

图 4-70　卡钳使用位置正确和错误示范

案例分析

（一）案例一

1. 案例概述

某 10kV 电缆线路 2000 年投运，电缆敷设方式为 3（层）×3（列）、直径为 200 的玻璃纤维增强塑料排管，电缆始端接在 10kV 侯 24 柱/开关的高压隔离刀闸下侧，末端接在十六大街 1 号环网柜进线柜侧，该环网柜电缆线路可实现双环网供电方式，电缆型号长度为 YJL22－3×400－8.7/15－1548m，中间接头 2 个。

2. 案例分析

本次故障发生时间为 2020 年 6 月 21 日。

（1）故障性质诊断。

测量地点：环网柜进线侧终端头处。

A、B、C 试验短路导通试验：A/B=导通、A/C=导通、B/C=导通

绝缘电阻试验：A=0MΩ、B=4MΩ、C=2MΩ。

接地电阻试验：A/E=2.3MΩ、B/E=∞、C/E=∞。

故障诊断为三相高阻故障。

（2）故障测距。测量地点：十六大街 1 号环网柜进线侧可分离连接器终端头处。

1）低压脉冲测距。

设置长度范围：3.0km。

波速度：172m/μm。

低压脉冲测距波形图如图 4－71 所示。

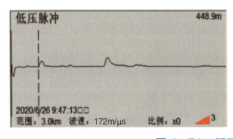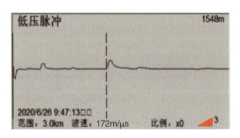

图 4－71　低压脉冲测距波形图

实测长度：1548m

结论：因该故障为高阻故障，故波形图中没有故障点反射，但有一处中间接

头反射突起较为明显，该小突起距测量端距离 448.9m。

2）　高压冲闪测距。

设置长度范围：3.0km。

波速度：172m/μm。

实测长度：全长 1566m、中间接头 472.1m。

测量地点：十六大街 1 号环网柜进线侧可分离连接器终端头处。

高压冲闪法测距波形图如图 4－72 所示。

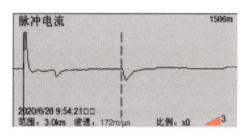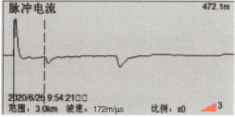

图 4－72　高压冲闪法测距波形图

结论：从波形图分析得出，故障点没有被击穿，波形图中只有全长 1566m（对应于低压脉冲测距 1548m）开路反射及中间接头 472.1m（对应于低压脉冲测距 472.1m）接头高阻反射，结合该条电缆三相绝缘电阻偏低，中间接头反射信号明显等数据，综合判断电缆中间接头严重受潮。在征求运维部门的意见后决定打开中间接头查明原因。另外，冲闪法测距与低压脉冲测距在全长和中间接头长度上会有差别，但不影响最终分析判断。

打开 472.1m 的中间接头井后，没有发现中间接头外观有灼烧的痕迹，随后截断并解剖该中间接头，发现在绝缘层上有不规则的局部细小水珠，中间接头严重受潮。现场照片如 4－73 所示。

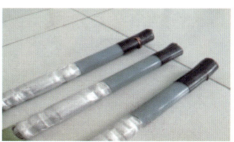

图 4－73　接头解剖照

经查明原因发现，该中间接头的密封防火功能减弱且已具有严重事故风险。

在开断的 472.1m 处，测量两侧的绝缘电阻和接地电阻。

a. 至十六大街 1 号环网柜侧电缆：

测量地点：开断的 472.1m 处。

绝缘电阻试验：A/E=0MΩ、B/E=4MΩ、C/E=2MΩ。

接地电阻试验：A/E=2.3MΩ、B/E=∞、C/E=∞。

b. 至 10kV 侯 24 柱 1 开关侧电缆：

测量地点：开断的 472.1m 处。

绝缘电阻试验：A/E=2500MΩ、B/E=2500MΩ、C/E=2500MΩ。

接地电阻试验：A/E=∞、B/E=∞、C/E=∞。

c. 低压脉冲测距波形见图 4-74。

测量地点：十六大街 1 号环网柜进线电缆终端处。

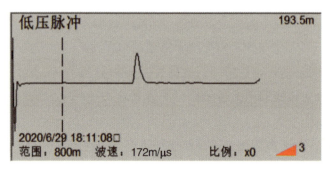

图 4-74 低压脉冲测距波形

结论：在低压脉冲测距波形中，可以看出全长波形 474.7m 的反射脉冲。但在 193.5m 处有一个不太明显的小突起。

d. 高压冲闪法测距波形见图 4-75。

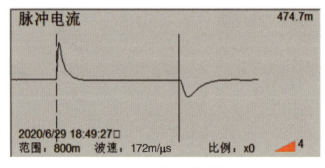

图 4-75 冲闪测距波形

测量地点：十六大街 1 号环网柜进线电缆终端处。

结论：高压冲闪电压升至 10kV 后测距，仍只有全长的反射波，没有故障点的反射波，这是典型的混合型故障。在高压冲闪数分钟后，仍得不到反射波形，随后，尝试使用高压电桥的大电流烧穿试验。

3）高压电桥进行高阻烧穿。

a. 测量地点为十六大街 1 号环网柜进线电缆终端处。测量前将 474.7m 开断处的 A、B 两相短接后，在测试地点对 A、B 两相进行升压，当电流突然增到 15mA，电压为 0V 时，维持数分钟后，将电流降低为零，关掉电源并对故障电缆放电，然后，再一次进行高压冲闪测距。

b. 在大电流灼烧后，采用高压冲闪法再次测距，脉冲电流测距波形图如图 4−76 所示。

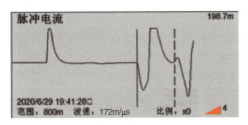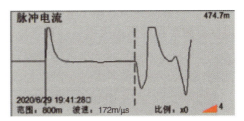

图 4−76　脉冲电流测距波形图

小结：通过图 4−76 中右图可以看出，第一时间故障点仍没有反射波形且为电缆截断后的全长 474.7m 波形（见图 4−76 右图），但在之后紧接着出现故障点反射见图 4−76 左图，故障点在 198.7m 处。

3. 路径探测

故障距离已测出，为找到故障点准确方向，必须使用路径仪判明路径走向。路径仪的发射机接入环网柜进线电缆终端 B 相处。在对端即开断的 472.1m 处，将电缆 B 相线芯经短接线接地，调整发射机和接收机频率同频（82kHz），在环网柜进线电缆侧用接收机标定方向后，进行路径方向的沿途探测，在预测故障点 198.7m 大致位置确定后，开始进行故障点定点工作。

（1）故障定点。使用声磁同步定点仪，在预测的故障点 198.7m 附近开始检测电磁信号和故障放电的振动声信号，最终将声磁同步差最小处确定为故障点正上方位置。

（2）开挖识别。

1）在开挖离地 1m 左右后，发现有四条电缆平行直埋敷设，采用电缆识别仪进行识别，确定已开挖出的电缆为非目标电缆。现场开挖情况图见图 4−77。

图 4-77　现场开挖情况图

2）冲闪辨识，再次冲闪试验，发现在地下有放电声，故确定故障点还在下层更深处。

3）为减少开挖面积，进行横向开挖，先找到目标电缆，最终又深挖 1m 左右，发现玻璃纤维增强塑料排管电缆排管。经检查在排管底部找到被烧穿的故障点，见图 4-78。

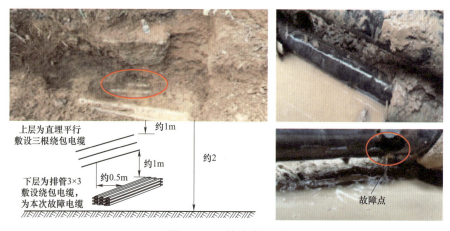

图 4-78　故障点照片

4. 运维策略

故障点位置在 198.7m 处，是电缆排管内的本体故障。通过上述故障的测寻，运维管理需加强，主要有 6 个方面：

（1）加强电缆安装工的标准工艺的培训。

（2）野蛮施工牵引力过大造成管口处电缆本体受伤，埋下风险隐患；为此加强施工管理，做好施工监督旁站工作，特别在转角部分和电缆敷设落地部分要放保护轮。杜绝电缆敷设施工中牵引强度不符合要求的现象发生。

（3）提升运维单位验收规范技能水平。

（4）加强故测技能培训。

（5）提高现场防止开挖塌方的预控能力。

（6）加强电缆的在线局即放电检测和离线局即放电检测。

（二）案例二

1. 案例概述

某电缆敷设时间 2013 年 10 月，由变电站 10kV 廖 9 线板出线至廖 9 线 1 号环网柜。2020 年 5 月 28 日，柜内某一出线分支因外力破坏，造成该分支出线板位的套管烧毁，经隔离该故障分支后，其他电缆供电正常，次日，在更换环网柜后，送电前摇测该柜内所有电缆，发现进线电缆绝缘不合格，随后开展故障电缆的测试工作。该案例与案例一不同之处在于，本次为电缆中间接头闪络性高阻缺陷，成功应用高压电桥进行测距；另外，在识别同沟敷设的电缆时，本案例采用了红外测温技术成功地识别出目标电缆。

电缆型号为 YJV22－8.7/15－3×400－667m，全程直埋敷设，路径资料齐全，变电站侧电缆接地为双接地，1 号环网柜侧为单接地，廖 9 线与廖 4 线同沟敷设，廖 9 线有 3 个中间接头。

2. 案例分析

该条电缆在停运前一直带电运行，在送电前对廖 9 线进线电缆进行绝缘电阻测量，发现绝缘三相严重不平衡，随后开展缺陷查找。

3. 检测分析方法

（1）故障性质诊断。测量地点为 1 号环网柜进线侧终端头处。使用数字式万用表。

A、B、C 试验短路导通试验：A/B：导通、A/C：导通、B/C：导通。

结论：电缆没有开路现象。

（2）故障测距。测量地点为环网柜进线侧终端头处。

绝缘电阻试验：A=2500MΩ、B=2500MΩ、C=20MΩ。

接地电阻试验：A/E=∞、B/E=∞、C/E=∞。

结论：C 相为高阻闪络性缺陷。

1）低压脉冲测试。

设置长度范围：800m。

波速度：172m/μm。

实测长度：665.6m。

测量地点：变电站 10kV 廖 9 线板出线至廖 9 线 1 号环网柜。

低压脉冲测试波形如图 4－79 所示。

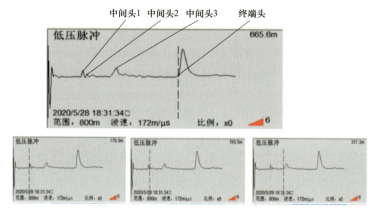

图 4－79　低压脉冲测试波形图

结论：没有发现故障点反射，但细心发现在全长中有三处小的突起，经了解为三个中间接头位置。

2）高压冲闪法测距。

设置长度范围：3.0km。

波速度：172m/μm。

实测长度：667.3m。

测量地点：1 号环网柜进线侧终端处。

冲闪电压：10kV。

冲闪测距波形如图 4－80 所示。

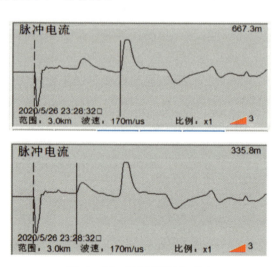

图 4－80　冲闪测距波形图

结论：故障点没有击穿，只有全长 667.3m 反射及 335.8m 接头反射比较明显。

3）高压电桥。

a. 经脉冲电流法冲闪后，没有记录到冲闪放电反射波，再次测量 C 相绝缘电阻，发现由 20MΩ下降为 5kΩ，从球间隙放电声音现象判断，故障点已被击穿，但始终不出故障波形，故采用高压电桥法进行测距。

b. 严格按照高压电桥操作流程，分别进行了"正接"和"反接"两次测量。测量数据如图 4－81 所示。

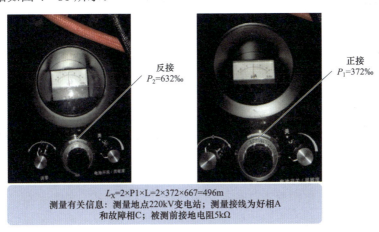

反接
$P_2 = 632‰$

正接
$P_1 = 372‰$

$L_X = 2 \times P1 \times L = 2 \times 372 \times 667 = 496m$
测量有关信息：测量地点220kV变电站；测量接线为好相A
和故障相C；被测前接地电阻5kΩ

图 4－81　高压电桥测试数据

经公式计算：$L_X = 2 \times P1 \times L = 2 \times 372 \times 667 = 496m$，故障距离为廖 9 板至 1 号环网柜 496m，因为全长 667m，故障点与 1 号环网柜距离为 171m，这个位置就是第一个中间接头处。

结论：在高压冲闪脉冲电流法无法得到故障点反射波时，可通过高压电桥法的查找的选择是正确的。

4. 路径探测

故障距离已测出，为找到故障点准确方向，必须使用路径仪判明电缆的路径走向。路径仪的发射机接入 1 号环网柜进线电缆终端 A 相处。在对端，将电缆 A 相线芯经短接线接地，断开两端接地屏蔽线，采用直连法。调整发射机和接收机频率同频（19.8kHz）后，在环网柜进线电缆侧用接收机标定方向后，进线沿途探测，在探测路径的过程中，预测故障点 171m 位置，为定点做好预备。

（1）故障定点。由于故障点没有放点，故查证竣工资料后，来到以前修复过的第一个故障点处，进行开挖。

（2）开挖识别。在开挖离地 1m 左右后，发现有两条电缆平行直埋敷设，并且两条电缆都有中间接头，无法判断可那一条为廖 9 线，需要采用电缆识别仪进行识别，调整发射机和接收机频率同频（1.28kHz）后，在环网柜进线电缆侧用接收机标定方向后，来到开挖的地点进行识别，发现在两条电缆上都有信号，但信号幅值大小是有些区别，为了确定目标电缆，采用红外成像仪进行相互验证目标电缆廖 9 线，见图 4−82。较亮的为发热运行电缆廖 4 线，较暗的为停运的故障电缆廖 9 线。

图 4−82　开挖后实物图和红外测温图

结论：本次故障是典型电缆中间接头封闭性故障，从外观看不到故障点。如图 4−83 所示，打开故障中间接头后，发现绝缘部分没有形成完全的导带通道，同时发现接续管压接压深度不够，接触电阻过大，使该相电缆发热严重，致使红绿两相线芯过热现象。

图 4−83　中间接头解剖图

5. 经验体会

往往在高压冲闪法测距中，从球间隙放电声音现象判断，故障点已被击穿，但从记录的波形上却观察不到故障点放电的迹象，这时因为中间接头的密封性差，时间一久，潮气往往从破裂处渗透进去，形成大面积受潮，这时，故障点放电延时时间往往很长，达到数百微秒，甚至数毫秒，而一般故障点击穿延时仅几个微秒，此类放电时间延时和躲过了脉冲测试仪开始记录信号的时间，造成了故障点击穿放电时仪器已停止记录现象。

在同一通道里多条电缆的识别，应用多种仪器进行相互验证，不可盲目决断。

该故障点暴露出电缆制作工艺水平较差，主要表现在绝缘层上有刀痕、半导电界面没有倒角、接续管压接磨具与线芯直径不匹配、接头受潮密封性差等问题。

6. 运维策略

测量和监视电缆的负荷情况，保持电缆线路在规定的允许持续载流量下运行，杜绝发生电缆线路过负荷的现象。加强实施电缆安装制作标准工艺，加强验收管理，实施工程单位施工质量的负面清单和黑名单督察通报机制，提升电缆故测检测能力，加强电缆的在线局部放电检测和离线局部放电检测。

习 题

1. 简答：二次脉冲法使用于哪些故障？
2. 简答：二次脉冲的工作原理？
3. 简答：绘制电流取样脉冲电流冲闪法测距工作原理图。
4. 简答：绘制高压电桥测距工作原理图。
5. 简答：绘制芯线—大地接法接线图。

参 考 文 献

[1] 吴长顺. 电线电缆手册. 3 版 [M]. 北京：机械工业出版社，2017.

[2] 王伟. 交联聚乙烯电缆基础教程 [M]. 西安：西北工业大学出版社，2011.

[3] 图厄. 电力电缆工程. 3 版 [M]. 北京：机械工业出版社，2014.

[4] 李金伴. 常用电线电缆选用手册 [M]. 北京：化学工业出版社，2011.

[5] 梁永春. 高压电力电缆载流量数值计算 [M]. 北京：国防工业出版社，2012.

[6] 中国南方电网公司超高压输电公司. 500kV 海底电缆工程建设与管理 [M]. 北京：中国电力出版社，2015.

[7] 王卫东. 电缆工艺技术原理及应用 [M]. 北京：机械工业出版社，2011.

[8] 马国栋. 电线电缆载流量. 2 版 [M]. 北京：中国电力出版社，2013.

[9] 夏新民. 电力电缆选型与敷设 [M]. 北京：化学工业出版社，2012.

[10] 张晓东. 高压交流聚乙烯电缆线路设计计算 [M]. 北京：中国水利水电出版社，2013.

[11] 沈黎明. 电力电缆施工运行与维护 [M]. 北京：中国电力出版社，2013.

[12] 于景丰. 电力电缆实用新技术（施工安装 运行维护 故障诊断）[M]. 北京：中国水利水电出版社. 2013.

[13] 李宗廷. 电力电缆施工手册 [M]. 北京：中国电力出版社，2015.

[14] 韩伯锋. 电力电缆试验及检测技术 [M]. 北京：中国电力出版社，2007.

[15] 史传卿. 电力电缆安装运行技术问答 [M]. 北京：中国电力出版社，2002.

[16] 朱启林. 电力电缆故障测试方法与案例分析 [M]. 北京：机械工业出版社，2008.

[17] 陈天翔. 电气试验 [M]. 北京：中国电力出版社，2005.

[18] 江日洪. 交联聚乙烯电力电缆线路 [M]. 北京：中国电力出版社，1997.

[19] 巫松桢. 电气绝缘材料科学与工程 [M]. 西安：西安交通大学出版社，1996.

[20] 严璋. 电气绝缘在线检测技术 [M]. 北京：中国电力出版社，1995.

[21] 邱昌容. 电工设备局部放电及其测试技术 [M]. 北京：机械工业出版社，1994.

[22] 徐永喜. 高压电压设备局部放电 [M]. 北京：水利电力出版社，1984.

[23] 邓琨，温启良，张渊渊. 基于超声红外热像的电缆终端局部放电缺陷检测方法 [J]. 《红外技术》，2022：972-978.

[24] 国家电网公司人力资源部. 国家电网公司生产技能人员职业能力培训专用教材. 配电电缆. 北京：中国电力出版社，2010.

[25] 李宗廷. 电力电缆施工手册 [M]. 北京：中国电力出版社，2015.

[26] 图厄. 电力电缆工程. 3 版 [M]. 北京：机械工业出版社，2014.

[27] 彭宁. 浅析收件鉴定与首件检验 [J]. 中国高新技术企业，2015，(9)：83-842.

[28] 钟金德. 回弹仪的使用和检定 [J]. 中国科技信息，2008，(12)：126+128.

[29] 史传卿. 供用电工人职业技能培训教材电力电缆 [M]. 北京：中国电力出版社，2006.

[30] 史传卿. 供用电工人技能手册·电力电线 [M]. 北京：中国电力出版社，2004.

[31] 史传卿. 安装运行技术问答电力电缆 [M]. 北京：中国电力出版社，2002.

[32] 李国正. 电力电缆线路设计施工手册 [M]. 北京：中国电力出版社，2007.

[33] 国家电网公司运维检修部. 配电网工程工艺质量典型问题及解析 [M]. 北京：中国电力出版社，2017.

[34] 帅军庆. 国家电网公司 380/220V 配电网工程典型设计 [M]. 北京：中国电力出版社，2014.

[35] 国家电网公司运维检修部. 配电网运维与检修管理标准和工作标准 [M]. 北京：中国电力出版社，2012.

[36] 中国电力工程顾问集团有限公司，中国能源建设集团规划设计有限公司. 电力工程设计手册 电缆输电线路设计. 北京：中国电力出版社，2019.

[37] 吴峻. 高压电缆工程建设技术手册 [M]. 北京：中国电力出版社，2018.

[38] 电力行业标准. DL/T 5776—2018 水平定向钻敷设电力管线技术规定. 北京：中国电力出版社，2019.

[39] 国家电网公司. 国家电网公司输变电工程典型设计 电缆敷设分册. 北京：中国电力出版社，2006.

[40] 国家电网公司. 国家电网公司配电网工程典型设计 10kV 电缆分册. 北京：中国电力出版社，2016.

[41] 国网公司设备管理部中压电力电缆技术培训教材. 北京：中国电力出版社，2021.

[42] 徐丙垠，李胜祥，陈宗军. 电力电缆故障探测技术. 北京：机械工业出版社，1999.

[43] 国家电网公司人力资源部. 国家电网公司生产技能人员职业能力培训专用教材 配电电缆 [M]. 北京：中国电力出版社，2010.